Nancy Brewig

Die Rolle dendritischer Zellen im Mausmodell der Leishmaniose

Nancy Brewig

Die Rolle dendritischer Zellen im Mausmodell der Leishmaniose

Langerin (CD207) – positive dendritische Zellen und die Aktivierung der Immunantwort

Südwestdeutscher Verlag für Hochschulschriften

Impressum/Imprint (nur für Deutschland/only for Germany)
Bibliografische Information der Deutschen Nationalbibliothek: Die Deutsche Nationalbibliothek verzeichnet diese Publikation in der Deutschen Nationalbibliografie; detaillierte bibliografische Daten sind im Internet über http://dnb.d-nb.de abrufbar.
Alle in diesem Buch genannten Marken und Produktnamen unterliegen warenzeichen-, marken- oder patentrechtlichem Schutz bzw. sind Warenzeichen oder eingetragene Warenzeichen der jeweiligen Inhaber. Die Wiedergabe von Marken, Produktnamen, Gebrauchsnamen, Handelsnamen, Warenbezeichnungen u.s.w. in diesem Werk berechtigt auch ohne besondere Kennzeichnung nicht zu der Annahme, dass solche Namen im Sinne der Warenzeichen- und Markenschutzgesetzgebung als frei zu betrachten wären und daher von jedermann benutzt werden dürften.

Coverbild: www.ingimage.com

Verlag: Südwestdeutscher Verlag für Hochschulschriften GmbH & Co. KG
Dudweiler Landstr. 99, 66123 Saarbrücken, Deutschland
Telefon +49 681 37 20 271-1, Telefax +49 681 37 20 271-0
Email: info@svh-verlag.de

Zugl.: Hamburg, Universität Hamburg, Dissertation, 2009

Herstellung in Deutschland:
Schaltungsdienst Lange o.H.G., Berlin
Books on Demand GmbH, Norderstedt
Reha GmbH, Saarbrücken
Amazon Distribution GmbH, Leipzig
ISBN: 978-3-8381-2933-4

Imprint (only for USA, GB)
Bibliographic information published by the Deutsche Nationalbibliothek: The Deutsche Nationalbibliothek lists this publication in the Deutsche Nationalbibliografie; detailed bibliographic data are available in the Internet at http://dnb.d-nb.de.
Any brand names and product names mentioned in this book are subject to trademark, brand or patent protection and are trademarks or registered trademarks of their respective holders. The use of brand names, product names, common names, trade names, product descriptions etc. even without a particular marking in this works is in no way to be construed to mean that such names may be regarded as unrestricted in respect of trademark and brand protection legislation and could thus be used by anyone.

Cover image: www.ingimage.com

Publisher: Südwestdeutscher Verlag für Hochschulschriften GmbH & Co. KG
Dudweiler Landstr. 99, 66123 Saarbrücken, Germany
Phone +49 681 37 20 271-1, Fax +49 681 37 20 271-0
Email: info@svh-verlag.de

Printed in the U.S.A.
Printed in the U.K. by (see last page)
ISBN: 978-3-8381-2933-4

Copyright © 2011 by the author and Südwestdeutscher Verlag für Hochschulschriften GmbH & Co. KG and licensors
All rights reserved. Saarbrücken 2011

Abkürzungsverzeichnis

APC	Allophycocyanin
BAC	*bacterial artificial chromosome*
BSA	*bovine serum albumin*, Rinderserumalbumin
BrdU	Bromdesoxyuridin
CBA	*Cytometric Bead Array*
CCL	*chemokine (C–C motif) ligand,* Chemokinrezeptorligand
CD	*cluster of differentiation*
CFSE	Carboxyfluoresceinsuccinimidylester
CO_2	Kohlenstoffdioxid
ConA	Concanavalin A
Cy5	ein Cyaninfarbstoff
DAPI	4´,6–Diamidino–2–phenylindol Dihydrochlorid
DC	*dendritic cell*, dendritische Zelle
dDC	*dermal dendritic cell*, dermale dendritische Zelle
DMSO	Dimethylsulfoxid
DNS	Desoxyribonukleinsäure
dNTPs	Desoxyribonukleosid–Triphosphat
DT	*Diphtheria* Toxin
DTA	A–Untereinheit des *Diphtheria* Toxins
DTH–Reaktion	*delayed type hypersensitivity reaction*
DTR	*Diphtheria* Toxin–Rezeptor
EGF	*epidermal growth factor*
EGFP	*enhanced green fluorescence protein*
ELISA	*enzyme linked immunosorbant assay*
EpCAM	*epithelial–cell adhesion molecule*
ER	endoplasmatisches Retikulum
FACS	Fluoreszenz–aktivierter Zell–Sortierer
FCS	*fetal calf serum*, fötales Kälberserum
FITC	Fluorescein–Isothiocyanat

Foxp3	*forkhead/winged helix transcription factor 3*
FSC/SSC	*forward/side scatter*, Vorwärts–/Seitwärtsstreulicht
GM–CSF	Granulozyten–Makrophagen–Kolonie–stimulierender Faktor
HB–EGF	*heparin–binding EGF–like growth factor*
HBSS	*Hanks' buffered salt solution*
HIV	*Human Immunodeficiency Virus*
IFN	Interferon
IFA	Inkomplettes Freunds Adjuvans
Ig	Immunoglobulin
IL	Interleukin
kDa	Kilodalton
IRF	*interferon regulatory factors*
L.	*Leishmania*
L–Ag	*Leishmanien*–Antigen
Lang–DTA	Langerin–DTA–Mausmodell
Lang–DTR	Langerin–EGFP–hDTR–Mausmodell
LC	*Langerhans cell*, Langerhans Zelle
LPS	Lipopolysaccharid
M–CSF	Monozyten–Kolonie–stimulierender Faktor
MHC–I/II	Haupthistokompatibilitätskomplex der Klasse–I/II
MACS	*Magnetic Cell Separation*
NO	Stickstoffmonoxid
NOD	*nucleotide–binding oligomerization domain*
NF–κB	*nuclear factor 'kappa–light–chain–enhancer' of activated B–cell*
OD	Optische Dichte
OVA	Ovalbumin
PBS	*phosphate buffered saline*, Phosphat–gepufferte Kochsalzlösung
PCR	*polymerase chain reaction*, Polymerase–Kettenreaktion
PE	Phycoerythrin
PerCP	Peridinin–Chlorophyll–Protein
PerCP–Cy5.5	PerCP–Cyanin–Tandemfarbstoff
PMA	Phorbol–12–myristat–13–acetat

PRR	*pattern recognition receptor,* Mustererkennungsrezeptor
REU	relative ELISA–Einheit
RIG	*retinoic acid inducible gene*
RT–PCR	*Real–Time–PCR*
SEM	*standard error of the mean,* Standardfehler
TAP	*Transporter associated with Antigen Processing*
Th–Zelle	T–Helfer–Zelle
TLR	*Toll–like receptor*
TNF	Tumornekrosefaktor
Treg	regulatorische T–Zelle
WHO	*World Health Organization*, Weltgesundheitsorganisation

Inhaltsverzeichnis

1 EINLEITUNG 1

1.1 **Das Immunsystem** 1
    1.1.1 Das angeborene Immunsystem 1
    1.1.2 Das adaptive Immunsystem 2

1.2 **Dendritische Zellen** 3
    1.2.1 Antigenpräsentation durch dendritische Zellen 4
    1.2.2 T–Zell–Aktivierung durch dendritische Zellen 6
    1.2.3 Heterogenität der dendritischen Zellen 7
    1.2.4 Das DC–Netzwerk der Haut und der Haut–drainierenden Lymphknoten 8
    1.2.5 Die Bedeutung von Langerin$^+$ dendritischen Zellen für die adaptive Immunität 10
    1.2.6 Mausmodelle zur Untersuchung von Langerin$^+$ Zellen 12
        1.2.6.1 Die Wanderung von DCs aus der Haut in die Haut–drainierenden Lymphknoten 13
        1.2.6.2 Die Identifizierung von Langerin$^+$ dDCs 14
        1.2.6.3 Die Bedeutung von Langerin$^+$ Zellen in der Kontakthypersensitivitätsreaktion 16

1.3 **Die Leishmaniose** 17
    1.3.1 Die Leishmaniosen des Menschen 17
    1.3.2 Der Parasit und sein Lebenszyklus 18
    1.3.3 Die Immunantwort gegen *Leishmania major* 20
    1.3.4 Das experimentelle Modell der Leishmaniose 21
        1.3.4.1 Die Bedeutung von DC–Subtypen im experimentellen Modell der Leishmaniose 22

1.4 **Zielstellung der Arbeit** 23

2	MATERIAL UND METHODEN	25
2.1	**Material**	25
2.1.1	Laborgeräte	25
2.1.2	Glas– und Plastikwaren	26
2.1.3	Chemikalien und Lösungen	27
2.1.4	Mausstämme und *Leishmanien*–Stamm	27
2.1.5	Antikörper und Detektionsreagenzien	28
2.1.6	Material für zellbiologische Arbeiten	29
2.1.7	Material für molekularbiologische Arbeiten	34
2.2	**Methoden**	36
2.2.1	Zellbiologische Methoden	36
2.2.1.1	*Leishmanien*–Kultur	36
2.2.1.2	Herstellung von *Leishmanien*–Antigen	36
2.2.1.3	Zellzählung	37
2.2.1.4	Blutentnahme und Gewinnung von Serum	37
2.2.1.5	Generierung von Knochenmarksmakrophagen	38
2.2.1.6	Bestimmung der DT–induzierten Nitrit–Produktion durch Makrophagen	38
2.2.1.7	Isolierung von Zellen aus Milzen und Lymphknoten	39
2.2.1.8	Isolierung von Zellen aus Mauspfoten	39
2.2.1.9	Anreicherung von Zellen durch magnetische Zellsortierung (MACS)	40
2.2.1.10	Markieren von Zellen mit CFSE	40
2.2.1.11	Stimulation von Lymphknotenzellen	41
2.2.1.12	Durchflusszytomtrie (FACS–Analyse)	41
2.2.1.13	Enzyme–linked immunosorbant assay (ELISA)	45
2.2.1.14	Histologische Untersuchung von *epidermal sheets*	46
2.2.2	Tierversuche	47
2.2.2.1	Behandlung von Mäusen mit DT	47
2.2.2.2	Infektion, Messung der Schwellung und DTH–Reaktion	48
2.2.2.3	*In vivo*–Proliferationstest OVA–spezifischer T–Zellen	49
2.2.2.4	*In vivo*–Proliferationsnachweis während der *L. major*–Infektion	49
2.2.3	Molekularbiologische Methoden	50
2.2.3.1	DNS–Gewinnung aus Gewebeproben	50
2.2.3.2	RT–PCR zur Parasitendichtebestimmung	51
2.2.4	Statistik	53

3 ERGEBNISSE ... 54

3.1 Die Funktion von Langerin⁺ DCs im *high dose*–Modell der *L. major*–Infektion ... 54

- 3.1.1 Der Einfluss von DT auf C57BL/6– und Lang–DTR–Mäuse ... 55
- 3.1.2 Die *L. major*–spezifische Immunantwort in Lang–DTR–Mäusen ... 57
  - 3.1.2.1 Zelluläre Zusammensetzung des Lymphknotens ... 57
  - 3.1.2.2 Proliferation *in vitro*–restimulierter Lymphozyten ... 59
  - 3.1.2.3 Infiltration aktivierter T–Zellen in die Pfote ... 63
  - 3.1.2.4 Aktivierung *L. major*–spezifischer T–Zellen in der Abwesenheit von LCs 66
- 3.1.3 Ovalbumin–spezifische Immunantwort in Lang–DTR–Mäusen ... 68
- 3.1.4 *L. major*–spezifische Zytokinproduktion in Lang–DTR–Mäusen ... 71
  - 3.1.4.1 Zytokinsekretion durch Gesamt–Lymphknotenzellen ... 71
  - 3.1.4.2 Produktion von IFN-γ und IL-10 durch T–Zell–Subtypen ... 73
- 3.1.5 Bedeutung von Langerin⁺ DCs für den Verlauf einer *L. major*–Infektion ... 77
  - 3.1.5.1 Einfluss häufiger DT–Behandlung auf C57BL/6– und Lang–DTR–Mäuse 77
  - 3.1.5.2 Klinische Parameter der Infektion ... 79

3.2 Die Funktion von Langerin⁺ DCs im *low dose*–Modell der *L. major*–Infektion ... 83

- 3.2.1 Klinische Parameter der Infektion ... 84
- 3.2.2 Adaptive Immunantwort im *low dose*–Modell ... 87

4 DISKUSSION ... 94

4.1 DT–induzierte Zelldepletion in Lang–DTR–Mäusen ... 94

4.2 LCs sind nicht an der Einleitung einer *L. major*–spezifischen Th1–Zell–Antwort beteiligt ... 96

- 4.2.1 Welcher DC–Subtyp aktiviert CD4⁺ T–Zellen während der *L. major*–Infektion? ... 99

4.3 Die Rolle von LCs bei der Regulation der *L. major*–Infektion ... 102

4.4 Die Funktion von CD8$^+$ T–Zellen im experimentellen Modell der Leishmaniose 105

    4.4.1 Die Aktivierung *L. major*–spezifischer CD8$^+$ T–Zellen 108

    4.4.2 Langerin$^+$ DCs sind an der Aktivierung *L. major*–spezifischer CD8$^+$ T–Zellen beteiligt 109

    4.4.2 Langerin$^+$ DCs aktivieren CD8$^+$ T–Zellen 111

4.5 Ausblick 113

5 ZUSAMMENFASSUNG 115

6 LITERATURVERZEICHNIS 117

1 Einleitung

1.1 Das Immunsystem

Der menschliche Organismus ist im Laufe des Lebens einer Vielzahl von Krankheitserregern wie z. B. Viren, Bakterien, Pilzen und Parasiten ausgesetzt. Die Untersuchung der Vorgänge, die im Kampf gegen diese Pathogene im Körper ablaufen, ist Gegenstand der immunologischen Forschung. Heute wissen wir, dass das menschliche Immunsystem aus zwei voneinander abgrenzbaren Einheiten besteht: dem angeborenen und dem adaptiven Immunsystem. In den vergangenen Jahren zeigte sich jedoch, dass diese beiden Teile keineswegs unabhängig voneinander funktionieren, sondern sich gegenseitig beeinflussen können. Es entwickelte sich das Konzept der „Transitionalen Immunität", das alle Prozesse umfasst, die zwischen der Wahrnehmung einer Infektion durch myeloide Zellen oder Epithelzellen und der Aktivierung des adaptiven Immunsystems stattfinden (Pennington *et al.*, 2005). Im folgenden werden die wichtigsten Bestandteile und Funktionen der angeborenen und adaptiven Immunität kurz vorgestellt.

1.1.1 Das angeborene Immunsystem

Das angeborene Immunsystem setzt sich aus verschiedenen Komponenten zusammen, die es dem Organismus ermöglichen, schnell auf Pathogene zu reagieren. So bilden z. B. die Epithelien des Körpers eine physische Barriere gegen eindringende Krankheitserreger. Sollten Pathogene diesen Schutz überwinden, können spezialisierte Zellen, die sogenannten Phagozyten, zu denen unter anderem Makrophagen und Neutrophile gehören, diese durch Phagozytose aufnehmen und zerstören. Zu diesem Zweck sind solche Zellen mit Oberflächenrezeptoren ausgestattet, die an konservierte, pathogene Strukturen binden und somit die

Unterscheidung zwischen Krankheitserregern und körpereigenem Material ermöglichen. Auch die zytotoxisch wirksamen natürlichen Killerzellen und das Komplementsystem zählen zu den Bestandteilen der angeborenen Immunität. Eine wichtige Funktion der Zellen des angeborenen Immunsystems ist die Freisetzung von Chemokinen und Zytokinen, welche unter anderem die adaptive Immunantwort beeinflussen (Murphy et al., 2008).

1.1.2 Das adaptive Immunsystem

Im Verlauf einer adaptiven Immunantwort kommt es zu einer antigenspezifischen Reaktion, die in einem lang anhaltenden Gedächtnis gegen das jeweilige Antigen mündet. Sie beruht auf der Wirkung von T– und B–Lymphozyten, welche im Knochenmark aus pluripotenten Stammzellen gebildet werden (Abramson et al., 1977; Lemischka et al., 1986). Alle B– und T–Zellen tragen einen einzigartigen Oberflächenrezeptor, welcher der Antigenerkennung dient (Tonegawa, 1983). T–Zellen erkennen ihr passendes Antigen über den T–Zell–Rezeptor, welcher entweder mit dem Korezeptor CD4 oder CD8 assoziiert ist. Entsprechend dieses Expressionsmusters werden T–Zellen in $CD4^+$ T–Zellen und zytotoxische $CD8^+$ T–Zellen eingeteilt. Eine weitere Unterscheidung der $CD4^+$ T–Zellen erfolgt anhand der Zytokine, die sie nach ihrer Aktivierung ausschütten. $CD4^+$ T–Helfer–Zellen vom Typ–1 (Th1–Zellen) produzieren vorwiegend proinflammatorische Zytokine wie IL–2, IFN–γ und TNF (Mosmann and Coffman, 1989) und spielen eine wichtige Rolle bei der Beseitigung intrazellulärer Erreger. T–Helfer–Zellen vom Typ–2 (Th2–Zellen) schütten vorwiegend IL–4, IL–5, IL–6 und IL–10 aus, was B–Zellen zur Antikörperproduktion anregt und damit vor allem bei der Bekämpfung extrazellulärer Erreger von Bedeutung ist. Neben Th1– und Th2–Zellen sind zwei weitere wichtige $CD4^+$ T–Zell–Linien bekannt. Regulatorische T–Zellen (Tregs) sind vor allem für die Suppression von Immunantworten notwendig, und IL–17–produzierende T–Zellen (Th17–Zellen) spielen unter anderem in der mukosalen Immunität eine wichtige Rolle (Zhu and Paul, 2008). Die Aufgabe der $CD8^+$ T–Zellen besteht vor allem darin Virus–infizierte Zellen abzutöten. Grundsätzlich gehören Immunreaktionen, die durch antigenspezifische $CD8^+$ oder $CD4^+$ T–Zellen vermittelt werden zur zellvermittelten Immunität, die einen der beiden Teile des adaptiven Immunsystems bildet. Der andere Teil ist die humorale Immunität, welche auf der Wirkung von Antikörpern beruht (Murphy *et al.*, 2008). Zur Aktivierung einer antigenspezifischen Immunantwort kommt es in den lymphatischen Organen, wo sich etwa 95 % der Lymphozyten befinden, während die restlichen 5 % im Blut zirkulieren. In den lymphatischen Organen zeigen Zellen der angeborenen Immunität die Anwesenheit eines Pathogens an, indem sie bestimmte Antigene dieses Erregers den T–Zellen präsentieren. Solche Zellen werden antigenpräsentierende Zellen genannt. Obwohl auch Makrophagen und B–Zellen als antigenpräsentierende Zellen fungieren können, gibt es eine Zellart, die in ganz besonderem Maß dazu fähig ist. Dabei handelt es sich um die dendritische Zelle (*dendritic cell*, DC), deren Vorkommen und Funktion im folgenden Kapitel ausführlich behandelt wird.

1.2 Dendritische Zellen

Ihren Namen tragen DCs wegen der außergewöhnlich langen Fortsätze, die von ihrem Zellkörper ausgehen. Mit diesen Dendriten können sie dichte Netzwerke bilden und ihre Umgebung großflächig nach Antigenen absuchen. Da DCs nach einer Infektion als eine der ersten Zellarten mit dem Pathogen in Kontakt treten und ihre Rezeptoren in der Keimbahn codiert sind, werden sie der angeborenen Immunität zugerechnet. Aufgrund ihrer Fähigkeit eine adaptive Immunantwort auszulösen, stellen sie jedoch ein entscheidendes Bindeglied zwischen dem angeborenen und dem adaptiven Immunsystem dar (Banchereau *et al.*, 2000). Im folgenden geht es zunächst darum, wie DCs naive T–Zellen antigenspezifisch aktivieren. Der anschließende Teil wird von der Vielfalt des DC–Netzwerks handeln, wobei der Schwerpunkt auf den verschiedenen DC–Subtypen der Haut liegen wird, deren detaillierte Beschreibung schließlich Gegenstand der letzten Abschnitte sein wird.

1.2.1 Antigenpräsentation durch dendritische Zellen

DCs können sehr effizient Antigene der unterschiedlichsten Erreger präsentieren und somit jeweils die T–Zell–Antwort auslösen, die zur Beseitigung eines bestimmten Pathogens notwendig ist. Welche T–Zellen im Zuge einer Immunantwort aktiviert werden, ist davon abhängig, ob DCs Antigene gebunden an Moleküle des Haupthistokompatibilitätskomplexes (*major histocompatibility complex,* MHC) der Klasse–I (MHC–I) oder Klasse–II (MHC–II) präsentieren. Peptide, die an MHC–II–Moleküle gebunden auf DCs präsentiert werden, stammen in der Regel von extrazellulären Erregern, die durch Phagozytose, Pinozytose oder rezeptorvermittelte Endozytose in die Zelle aufgenommen werden. Phagozytierte Pathogene gelangen in Phagosomen. Im Zuge der Reifung des Phagosoms sinkt sein pH–Wert und es kommt zur Rekrutierung saurer Proteasen. Diese spalten die Erreger in Peptidfragmente, deren Struktur optimal für die Bindung an MHC–II–Moleküle ist. Neu synthetisierte MHC–II–Moleküle verlassen das endoplasmatische Retikulum (ER) in Vesikeln, die auf ihrem Weg an die Zelloberfläche mit dem Phagosom verschmelzen. Dort werden sie mit dem passenden Peptid beladen und Peptid/MHC–II–Komplexe gelangen anschließend an die Zelloberfläche, wo die Erkennung durch naive $CD4^+$ T–Zellen erfolgt (siehe Abb. 1.1B) (Murphy *et al.*, 2008).

Peptide, die von Pathogenen stammen, welche sich im Zytosol vermehren, binden an MHC–I–Moleküle. Das Anfügen von Ubiquitinresten an Proteine dieser Pathogene markiert sie für den Abbau durch das Proteasom. Nach der Fragmentierung gelangen die Peptide über den *Transporter associated with Antigen Processing* (TAP) in das ER und bilden dort mit neu synthetisierten

MHC–I–Molekülen Peptid/MHC–I–Komplexe. Diese Komplexe werden aus dem ER geschleust, an die Zelloberfläche transportiert und dort $CD8^+$ T–Zellen präsentiert (siehe Abb. 1.1A) (Lin *et al.*, 2008a; Villadangos und Schnorrer, 2007). Da auch gegen viele extrazelluläre Pathogene und Tumorzellen, die phagozytiert werden, eine spezifische $CD8^+$ T–Zell–Antwort ausgelöst wird, muss es Mechanismen geben, mit denen Peptide dieser schädlichen Fremdkörper bzw. entarteten Zellen in den MHC–I–Präsentationsweg gelangen. Die Funktionsweise dieses als *cross presentation* bezeichneten Prozesses ist noch sehr unklar (siehe Abb. 1.1C). Ein Modell postuliert einen von TAP und dem Proteasom abhängigen Weg, bei dem Peptide über einen bisher ungeklärten Mechanismus aus dem Phagosom in das Zytosol und somit in den MHC–I–Stoffwechselweg gelangen (Ackerman *et al.*, 2006; Rodriguez *et al.*, 1999). Andere Autoren beschreiben eine ER–Phagosom–Fusion oder den Transport von Proteinen aus Endosomen ins ER, wodruch ihre Degradierung im Zytosol ermöglicht wird (Ackerman *et al.*, 2005; Guermonprez *et al.*, 2003). Weiterhin wurde ein alternativer Weg postuliert, der unabhängig von TAP und dem Proteasom funktioniert. Bei diesem Prozess erfolgt sowohl die Erzeugung der geeigneten Peptide, als auch deren Bindung an MHC–I–Moleküle in den Phagosomen. Allerdings gibt es bisher keine Erklärung dafür wie die MHC–I–Moleküle in das Phagosom gelangen (Pfeifer *et al.*, 1993).

Die Präsentation von Antigenen in MHC–Molekülen reicht nicht aus, um eine adaptive Immunantwort einzuleiten. Dazu sind weitere Signale erforderlich, die ebenfalls von antigenpräsentierenden DCs stammen.

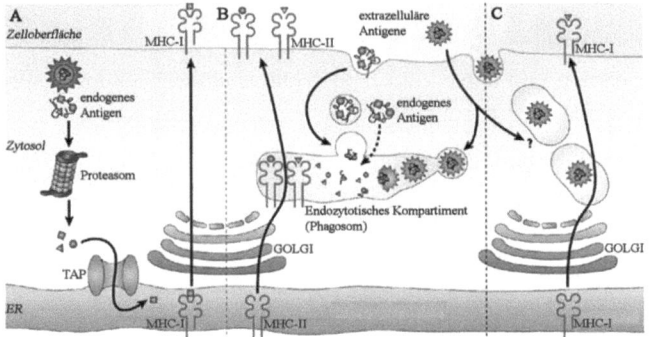

Abb. 1.1: Antigenpräsentationswege in DCs
(A) Endogene Antigene werden im Zytosol durch das Proteasom abgebaut und gelangen über den *Transporter associated with Antigen Processing* (TAP) ins endoplasmatische Retikulum (ER), wo sie an MHC–I–Moleküle gebunden werden. Die gebildeten Komplexe gelangen anschließend zur Zelloberfläche. (B) Extrazelluläre Antigene geraten in den endozytotischen Weg der Zelle. Durch proteolytischen Abbau erzeugte Peptide binden an MHC–II–Moleküle und werden an der Zelloberfläche präsentiert. (C) Exogene Antigene gelangen über einen bisher ungeklärten Mechanismus in den MHC–I–Präsentationsweg (*cross presentation*) (siehe Text für nähere Erläuterungen) (Villadangos und Schnorrer, 2007).

1.2.2 T–Zell–Aktivierung durch dendritische Zellen

Die umfassende Aktivierung einer naiven T–Zelle beinhaltet deren antigenspezifische, klonale Expansion und Differenzierung zu einer der möglichen Effektorzellen (siehe Abschnitt 1.1.2). Dazu muss die antigenpräsentierende DC drei Signale liefern. „Signal 1" wird über den T–Zell–Rezeptor vermittelt, der den passenden Peptid/MHC–Komplex auf der Oberfläche der DC erkennt. Die Bindung des T–Zell–Rezeptors an seinen Liganden in Abwesenheit der beiden anderen Signale führt zur Inaktivierung von T–Zellen durch Anergie, Deletion oder Induktion regulatorischer Mechanismen (Joffre *et al.*, 2009; Schwartz, 2003). „Signal 2" ist die Kostimulation. Neben der Bindung von CD28 auf der T–Zell–Oberfläche an CD80 und CD86 auf der DC tragen eine Vielzahl weiterer positiver und negativer kostimulatorischer Moleküle dazu bei. „Signal 3" bestimmt schließlich zu welcher Effektorzelle sich eine T–Zelle entwickelt. Produziert die DC

z. B. IL–12 führt dies zur Induktion einer Th1–Zell–Antwort oder zytotoxischen $CD8^+$ T–Zell–Antwort (Reis e Sousa, 2006). Die Expression kostimulatorischer Moleküle und die Zytokinsekretion durch DCs werden durch die Erkennung pathogener Strukturen über Rezeptoren der angeborenen Immunität ausgelöst. Deren wichtigste Vertreter sind der *scavenger*–Rezeptor, C–Typ–Lektin–Rezeptoren, *Toll like*–Rezeptoren (TLR), *nucleotide–binding oligomerization domain* (NOD)–ähnliche Rezeptoren und *retinoic acid inducible gene* (RIG)–I–ähnliche Proteine (Diebold, 2009). Die Bindung dieser sogenannten *pattern recognition receptors* (PRRs) an ihre Liganden aktiviert intrazelluläre Signalkaskaden, an deren Ende in der Regel die Aktivierung von Transkriptionsfaktoren steht, zu denen z. B. der *nuclear factor 'kappa–light–chain–enhancer' of activated B–cells* (NF–κB) und verschiedene *interferon regulatory factors* (IRFs) gehören (Reis e Sousa, 2006). Die differentielle Aktivierung von Transkriptionsfaktoren im Zellkern der DC beeinflusst das Expressionsmuster kostimulatorischer Moleküle und die Zytokinproduktion und somit schließlich, welche T–Zell–Antwort induziert wird. Nicht alle DCs besitzen das gleiche Repertoire an PRRs. Dies stellt eine der Grundlagen für die funktionelle Spezialisierung von verschiedenen DC–Subtypen dar.

1.2.3 Heterogenität der dendritischen Zellen

Das DC–Netzwerk besteht aus einer Vielzahl verschiedener DCs, die sich durch die Expression extra– und intrazellulärer Moleküle, ihre immunologische Funktion sowie ihre Lokalisation im Organismus unterscheiden. Heute geht man davon aus, dass alle DCs von einer gemeinsamen hämatopoetischen, pluripotenten Stammzelle aus dem Knochenmark abstammen, aus der verschiedene Vorläuferzellen hervorgehen, die sich schließlich zu einem oder mehreren DC–Subtypen differenzieren (Banchereau *et al.*, 2000). Es sei darauf hingewiesen, dass die DCs der mukosalen Gewebe (Lunge, *Lamina propria* und *Peyer's Patches*) in diesem

Abschnitt vernachlässigt werden, da sie für die vorliegende Arbeit nicht von Relevanz sind.

Prinzipiell lassen sich DCs in plasmazytoide und konventionelle DCs unterteilen. Die Rolle plasmazytoider DCs bei der Antigenpräsentation und T–Zell–Stimulation ist nicht vollständig geklärt. Sicher ist, dass sie eine wichtige Rolle bei der Produktion von Typ–1–Interferonen spielen (Diebold, 2009). Zwei Gruppen von konventionellen DCs kommen in den lymphatischen Organen vor. DCs, welche über den Blutkreislauf in Lymphknoten, Milz und Thymus gelangen, werden als *„blood–derived"* bezeichnet. Diese lassen sich weiter in $CD8\alpha^+CD4^-$, $CD8\alpha^-CD4^-$ und $CD8\alpha^-CD4^+$ DCs unterteilen (Villadangos und Heath, 2005; Villadangos und Schnorrer, 2007). Die zweite Gruppe der konventionellen DCs wird als *„skin–derived"* bezeichnet und kommt ausschließlich in den Haut–drainierenden Lymphknoten vor. Bei den *„skin–derived"* DCs handelt es sich um Zellen, die aus der Haut in die Haut–drainierenden Lymphknoten eingewandert sind.

1.2.4 Das DC–Netzwerk der Haut und der Haut–drainierenden Lymphknoten

Die Haut steht ständig mit der Umwelt des Organismus in Kontakt und bildet die erste Verteidigungslinie gegen Pathogene. In den vergangenen Jahren zeigte sich, dass die Haut mit einem vielfältigen immunologischen Netzwerk ausgestattet ist, das unter anderem drei verschiedene Arten von DCs einschließt (Bursch *et al.*, 2007; Ginhoux *et al.*, 2007; Poulin *et al.*, 2007). Langerhans Zellen (*Langerhans cells*, LCs) wurden 1868 erstmals von Paul Langerhans beschrieben. Sie zeichnen sich durch die Expression des C–Typ–Lektins Langerin (CD207) auf der Zelloberfläche sowie im Zytosol aus. Dort liegt Langerin in membranumgrenzten Organellen gespeichert vor, die als *Birbeck–Granulae* bezeichnet werden. LCs befinden sich in der Epidermis, wo sie netzwerkartig die Keratinozyten umgeben und etwa 2 – 5 % der Gesamtzellzahl ausmachen (Merad *et al.*, 2008).

In der Dermis befinden sich zwei weitere DC–Subtypen, von denen eine ebenfalls Langerin exprimiert (*Langerin$^+$ dermal DC*, Langerin$^+$ dDC). Die zweite DC–Population der Dermis exprimiert kein Langerin (*Langerin$^-$ dermal DC*, Langerin$^-$ dDC) und ist somit leicht von den beiden anderen DC–Subtypen der Haut zu unterscheiden (Poulin *et al.*, 2007). Nach einer Infektion, aber auch unter nicht–inflammatorischen Bedingungen wandern LCs, Langerin$^+$ dDCs und Langerin$^-$ dDCs über afferente lymphatische Gefäße in die Haut–drainierenden Lymphknoten, wo sie etwa die Hälfte aller CD11c$^+$ DCs ausmachen. Die andere Hälfte besteht aus *„blood–derived"* DCs. (Alvarez *et al.*, 2008; Merad *et al.*, 2008; Villadangos und Schnorrer, 2007). In Tab. 1.1 ist eine Übersicht der DC–Subtypen der Haut und der Haut–drainierenden Lymphknoten dargestellt.

Tab. 1.1: Übersicht der konventionellen DC–Subtypen in der Haut und den Haut–drainierenden Lymphknoten der Maus und der zu ihrer Identifizierung gebräuchlichen Oberflächenmoleküle

DC–Subtyp	Vorkommen	Zelluläre Marker
DCs in der Haut und nach ihrer Wanderung in die Haut–drainierenden Lymphknoten („skin–derived" DCs)[1]		
Langerhans Zelle (LC)	Epidermis	Langerin^{+++}, MHC–II^{++}, CD11b$^+$, CD11c$^+$, CD205^{++}, CD8α$^-$, CD103$^-$, EpCAM^{++}, Dectin–1$^+$
	Haut–drainierender Lymphknoten	Langerin^{++}, MHC–II^{+++}, CD11b$^+$, CD11c+$^+$, CD205^{++}, CD8α$^-$, CD103$^-$, EpCAM^{++}, Dectin–1$^+$
Langerin$^+$ dermale DC (Langerin$^+$ dDC)	Dermis	Langerin^{++}, MHC–II^{++}, CD11b^{niedrig}, CD11c^{++}, CD205$^-$, CD8α$^-$, CD103^{++}, EpCAM$^-$, Dectin–1$^-$
	Haut–drainierender Lymphknoten	Langerin^{++}, MHC–II^{+++}, CD11b^{niedrig}, CD11c^{++}, CD205$^-$, CD8α$^-$, CD103^{++}, EpCAM$^{+\,oder\,-}$, Dectin–1$^-$
Langerin$^-$ dermale DC (Langerin$^-$ dDC)	Dermis	Langerin$^-$, MHC–II^{++}, CD11b^{++}, CD11c^{++}, CD205^{++}, CD8α$^-$, CD103$^-$, EpCAM$^-$
	Haut–drainierender Lymphknoten	Langerin$^-$, MHC–II^{+++}, CD11b^{++}, CD11c^{++}, CD205^{++}, CD8α$^-$, CD103$^-$, EpCAM$^-$
„blood–derived" DCs in den Haut–drainierenden Lymphknoten[2]		
CD8α$^+$CD4$^-$ DC	Haut–drainierender Lymphknoten	Langerin$^{+/-}$, MHC–II^{++}, CD11b$^-$, CD11c^{+++}, CD205^{++}, CD8α^{++}
CD8α$^-$CD4$^-$ DC	Haut–drainierender Lymphknoten	Langerin$^-$, MHC–II^{++}, CD11b^{++}, CD11c^{+++}, CD205$^{+/-}$CD8α$^-$
CD8α$^-$CD4$^+$ DC	Haut–drainierender Lymphknoten	Langerin$^-$, MHC–II^{++}, CD11b^{++}, CD11c$^+$, CD205$^-$, CD8α$^-$

„+++" = stark exprimiert, „–" = nicht exprimiert „+/–" = nicht auf allen Zellen der Population exprimiert; DC = *dendritic cell*, dendritische Zelle; dDC = *dermal DC*, dermale DC; LC = *Langerhans cell*, Langerhans Zelle; Ep–CAM = *epithelial–cell adhesion molecule*; [1] Angaben nach Merad *et al.*, 2008 und Bursch *et al.*, 2007 [2] Angaben nach Villadangos *et al.*, 2007 und Kissenpfennig *et al.*, 2005

1.2.5 Die Bedeutung von Langerin$^+$ dendritischen Zellen für die adaptive Immunität

Die Beschreibung von Langerin als Marker muriner, epidermaler LCs und die Entwicklung eines monoklonalen Langerin–spezifischen Antikörpers erfolgte bereits im Jahr 2002 (Valladeau *et al.*, 2002). Langerin$^+$ DCs in der Dermis wurden dagegen erst im Dezember 2007 entdeckt (Bursch *et al.*, 2007; Ginhoux *et al.*, 2007; Poulin *et al.*, 2007). Daher gelten viele veröffentlichte Ergebnisse, die unter der Annahme gewonnen wurden, Langerin sei ein spezifischer Marker für LCs, heute nur noch bedingt, da nicht zwischen Langerin$^+$ dDCs und LCs unterschieden werden konnte. In diesem Abschnitt werden also unter anderem Ergebnisse von Studien vorgestellt, bei denen der Term „LCs" Langerin$^+$ Zellen der Epidermis *und* der Dermis umfasst.

Lange Zeit galten LCs als die bedeutendsten antigenpräsentierenden Zellen der Haut. Die Vorstellung, dass LCs unter inflammatorischen Bedingungen Antigene in der Peripherie aufnehmen, sie zum Haut–drainierenden Lymphknoten transportieren und dort antigenspezifisch T–Zellen aktivieren, ist als „Langerhans–Zell–Paradigma" bekannt geworden (Schuler und Steinman, 1985; Wilson und Villadangos, 2004). Übereinstimmend mit diesem Konzept wurde gezeigt, dass LCs nach der Applikation eines Allergens (Hapten) auf die Haut eine adaptive T–Zell–Antwort induzieren, die als Kontakthypersensitivitätsreaktion bezeichnet wird, und dass sie nach Infektion mit dem Parasiten *Leishmania*

(L.) major für die Ausbildung einer Th1–Zell–Antwort verantwortlich sind (Moll, 1993; Silberberg-Sinakin *et al.*, 1980). Außerdem bewiesen Stoitzner *et al.* durch *in vitro*– und *in vivo*–Versuche, dass LCs sehr effizient $CD8^+$ T–Zellen durch *cross presentation* aktivieren können (Stoitzner *et al.*, 2006). Das „Langerhans–Zell–Paradigma" musste erweitert werden, um LCs einzuschließen, die unter nicht–inflammatorischen Bedingungen in die Haut–drainierenden Lymphknoten wandern und dort körpereigene Antigene präsentieren. Ob dies zur Vernichtung selbst–reaktiver T–Zellen und damit zur „peripheren Toleranz", oder zur Aktivierung selbst–reaktiver T–Zellen und damit zur Autoimmunität beiträgt, ist nicht zweifelsfrei geklärt (Mayerova *et al.*, 2004; Steinman und Nussenzweig, 2002; Waithman *et al.*, 2007).

Inzwischen deuten allerdings immer mehr Ergebnisse darauf hin, dass das „Langerhans–Zell–Paradigma" nicht alle Aspekte der adaptiven Immunität in der Haut erklären kann. So beschrieben z. B. Allan *et al.*, dass LCs nicht in der Lage sind *Herpes simplex*–Virus–spezifische $CD8^+$ T–Zellen zu aktivieren. Ritter *et al.* zeigten, dass nicht LCs, sondern Langerin⁻ dDCs *L. major*–spezifische $CD4^+$ T–Zellen aktivieren und 2007 demonstrierten Stöcklinger *et al.*, dass LCs nicht notwendig sind, um nach *gene gun*–Immunisierung der Haut eine humorale oder zellvermittelte Immunantwort zu induzieren (Allan *et al.*, 2003; Ritter *et al.*, 2004b; Stoecklinger *et al.*, 2007).

Es gibt offensichtlich viele offene Fragen zur adaptiven Immunität in der Haut, im Speziellen in Bezug auf die Funktion der verschiedenen DC–Subtypen. Mit der Entwicklung von Mausmodellen, welche den *in vivo*–Nachweis und die selektive Depletion von Langerin⁺ Zellen erlauben, ergaben sich neue Möglichkeiten, das DC–Netzwerk der Haut zu untersuchen.

1.2.6 Mausmodelle zur Untersuchung von Langerin$^+$ Zellen

Vor Kurzem präsentierten zwei Laborgruppen Mausmodelle, in denen sich Langerin$^+$ DCs selektiv depletieren lassen (Bennett et al., 2005; Kissenpfennig et al., 2005b). In einer weiteren Arbeit beschrieben Wissenschaftler ein Mausmodell, in dem LCs von Geburt an fehlen (Kaplan et al., 2005). Alle Modelle beruhen auf der Wirkung von *Diphtheria* Toxin (DT) und der Spezifität der Langerin–Expression auf bestimmten DC–Subtypen.

Das heterodimere DT besteht aus einer A– und einer B–Untereinheit. Während die B–Untereinheit die Bindung an den Rezeptor *heparin–binding EGF–like growth factor* (HB–EGF, von hier an abgekürzt als DTR = *Diphtheria* Toxin–Rezeptor) vermittelt, inhibiert die A–Untereinheit im Zytosol die Proteinbiosynthese der Zelle und induziert damit den schnellen Zelltod. Das murine Homolog zum HB–EGF bindet nicht an die B–Untereinheit, weshalb Mauszellen nicht anfällig gegenüber DT sind. Die transgene Expression des hochaffinen HB–EGF des Menschen in Mauszellen macht sie sensitiv gegenüber DT (Saito et al., 2001).

Kissenpfennig et al. und Bennett et al. fügten die für den humanen DTR und für das Fluoreszenzprotein *enhanced green fluorescence protein* (EGFP) kodierenden Sequenzen in das C57BL/6–Mausgenom ein (*knock in*). In einem Modell wurde eine DTR–EGFP–Expressionskassette in die 3´–untranslatierte Region des *langerin*–Gens insertiert (Kissenpfennig et al., 2005b). In dem anderen Modell wurde eine DTR–EGFP–Expressionskassette in das zweite Exon des *langerin*–Gens eingefügt (Bennett et al., 2005). In beiden als Lang–DTR bezeichneten Mausmodellen exprimieren alle Langerin$^+$ Zellen den humanen DTR und sind somit sensitiv gegenüber DT (Bennett et al., 2005; Kissenpfennig et al., 2005b).

Kaplan et al. nutzten ein *bacterial artificial chromosome* (BAC), welches das Gen für humanes Langerin enthält und erzeugten damit eine transgene Maus, in der LCs neben murinem Langerin auch humanes Langerin exprimieren. Indem sie die kodierende Sequenz für die toxisch wirksame A–Untereinheit des DT (DTA) mit der für humanes Langerin auf dem BAC fusionierten, konnten sie eine

BAC–transgene Maus auf C57BL/6–Hintergrund generieren, der selektiv LCs von Geburt an fehlen (Kaplan *et al.*, 2005). Überraschenderweise zeigen diese sogenannten Lang–DTA–Mäuse normale Anzahlen an Langerin$^+$ dDC in der Dermis und an „*blood–derived*" Langerin$^+$CD8α^+CD4$^-$ DCs in den Haut–drainierenden Lymphknoten. Die Ursache dafür, dass die Expression von DTA unter der Kontrolle des humanen Langerins in diesen Mäusen selektiv zur Abwesenheit von LCs, aber nicht der anderen Langerin$^+$ DCs führt, ist nicht bekannt.

Die beschriebenen Mausmodelle wurden genutzt, um Langerin$^+$ DCs genauer zu untersuchen. Ein wichtiger Aspekt war z. B. ihr Wanderungsverhalten unter inflammatorischen Bedingungen.

1.2.6.1 Die Wanderung von DCs aus der Haut in die Haut–drainierenden Lymphknoten

Die transgene Expression von EGFP in Langerin$^+$ Zellen ermöglicht ihre Verfolgung *in vivo*. Kissenpfennig *et al.* zeigten, dass die Applikation eines Antigens auf die Haut die Wanderung von LCs und dDCs zum drainierenden Lymphknoten auslöst. (Auch in dieser Arbeit umfasste der Begriff LCs noch LCs *und* Langerin$^+$ dDCs.) Interessanterweise sind dDCs schon nach 24 Stunden, LCs hingegen erst nach vier Tagen im Lymphknoten nachweisbar. Des Weiteren wandern die beiden DC–Subtypen zu unterschiedlichen Arealen des Lymphknotens. DDCs befinden sich vornehmlich im äußeren Paracortex, also am Rand der T–Zell–Zone, die in direkter Nachbarschaft zu den B–Zell–Follikeln liegt (Kissenpfennig *et al.*, 2005b). Dieser Bereich wurde kürzlich von Katakai *et al.* als sogenannter *cortical ridge* identifiziert, an dem bevorzugt DC–B–T–Zell–Interaktionen ablaufen, die für die Aktivierung einer adaptiven Immunantwort nötig sind (Katakai *et al.*, 2004). Anders als dDCs wandern LCs nicht in den *cortical ridge*, sondern in den inneren Paracortex des Lymphknotens

(Kissenpfennig et al., 2005b). Es ist zu vermuten, dass die unterschiedliche Lokalisation dieser beiden DC–Subtypen, die nach Antigenkontakt aus der Haut in den drainierenden Lymphknoten wandern, für eine differenzierte T–Zell–Aktivierung sorgt.

1.2.6.2 Die Identifizierung von Langerin$^+$ dDCs

Bis 2007 dachten Wissenschaftler, dass es sich bei Langerin$^+$ DCs in der Dermis um LCs auf ihrem Weg zum Haut–drainierenden Lymphknoten handelt. Erst die oben beschriebenen Mausmodelle ermöglichten die Identifizierung von Langerin$^+$ dDCs als eigenständiger DC–Subpopulation (Bursch et al., 2007; Ginhoux et al., 2007; Poulin et al., 2007). Neben ihrer Lokalisation unterscheiden sich LCs und Langerin$^+$ dDCs in der Expression einiger Oberflächenmoleküle (siehe Tab. 1.1). Außerdem fehlen die im Zytosol von LCs nachweisbaren *Birbeck–Granulae* in Langerin$^+$ dDCs. Weiterhin sind Langerin$^+$ dDCs radiosensitiv, LCs hingegen radioresistent, und während LCs wahrscheinlich von Vorläuferzellen aus der Haut abstammen, entstehen Langerin$^+$ dDCs aus Vorläuferzellen aus dem Blut. In Anbetracht der unterschiedlichen Ursprünge der beiden DC–Subtypen ist es nicht verwunderlich, dass nach der Injektion von 1 µg DT in Lang–DTR–Mäuse LCs und Langerin$^+$ dDCs unterschiedliche Repopulationskinetiken aufweisen. Nach der DT–Applikation verschwinden beide DC–Populationen in der Haut innerhalb von 24 – 48 Stunden komplett. Bereits vier Tage später sind Langerin$^+$ dDCs in der Dermis nachweisbar, LCs in der Epidermis dagegen erst zwei Wochen später (siehe Abb. 1.2).
Im Gegensatz zu der Situation in der Haut verschwinden in den Haut–drainierenden Lymphknoten nach einer DT–Injektion nur 97 % der Langerin$^+$ *„skin–derived"* DCs, welche sowohl LCs als auch Langerin$^+$ dDCs umfassen, und nur 70 % der *„blood–derived"* Langerin$^+$CD8α$^+$CD4$^-$ DCs, die verhältnismäßig geringe Mengen Langerin exprimieren. Die Ursache für diese abweichende Depletionseffizienz ist

bisher nicht geklärt, könnte jedoch mit den unterschiedlichen Expressionsstärken von Langerin auf den DC–Subtypen zusammenhängen. Nach vier bis fünf Tagen steigt die Anzahl von Langerin$^+$ DCs in den Haut–drainierenden Lymphknoten wieder an. Dies wird höchstwahrscheinlich durch die Repopulation von Langerin$^+$ dDCs in der Dermis und ihre anschließende Wanderung in die Haut–drainierenden Lymphknoten sowie durch die Wiederkehr der „blood–derived" Langerin$^+$CD8α^+CD4$^-$ DCs ausgelöst (Kaplan et al., 2008; Kissenpfennig et al., 2005b).

Die Kontakthypersensitivitätsreaktion war das erste in vivo–Modell, das in allen in Abschnitt 1.2.6 beschriebenen Mausmodellen angewendet wurde, um die Funktion von LCs und Langerin$^+$ dDCs bei der Einleitung adaptiver Immunantworten zu untersuchen.

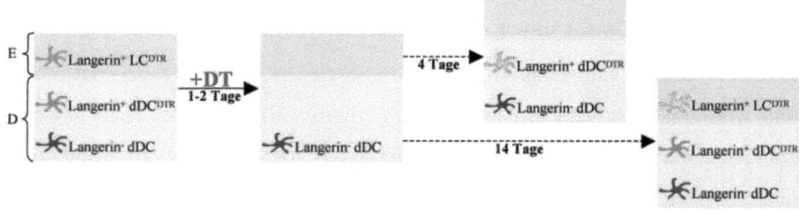

Abb. 1.2: DT–induzierte Depletion und Repopulation von Langerin$^+$ DCs in der Haut von Lang–DTR–Mäusen
In Lang–DTR–Mäusen werden nach der einmaligen intraperitonealen Injektion von 1 µg DT alle Langerin$^+$ DCs der Haut innerhalb von einem bis zwei Tagen depletiert. Nach vier Tagen beginnt die Repopulation der Dermis mit Langerin$^+$ dDCs, welche an Tag 14 nach DT–Behandlung nahezu abgeschlossen ist. Zu diesem Zeitpunkt tauchen erste LCs in der Epidermis auf. (E = Epidermis, D = Dermis, DT = Diphtheria Toxin, DTR = DT–Rezeptor, LC = Langerhans cell, Langerhans Zelle, dDC = dermal dendritic cell, dermale dendritische Zelle)

1.2.6.3 Die Bedeutung von Langerin$^+$ Zellen in der Kontakthypersensitivitätsreaktion

Die immunologische Funktion verschiedener DC–Subtypen der Haut lässt sich z. B. in der Kontakthypersensitivitätsreaktion untersuchen. Dazu wird ein Hapten auf die Haut, z. B. am Ohr aufgetragen. Die anschließende Schwellung dient als Maß für die Immunreaktion.

Lang–DTR–Mäuse aus dem Labor von Kissenpfennig *et al.*, die so mit DT behandelt wurden, dass ihnen während der Immunisierung LCs, Langerin$^+$ dDCs und *„blood–derived"* Langerin$^+$CD8α^+CD4$^-$ DCs fehlen, weisen eine reduzierte Ohrschwellung auf. Durch eine veränderte DT–Applikationsstrategie konnte die Kontakthypersensitivitätsreaktion in diesen Mäusen in selektiver Abwesenheit von LCs untersucht werden. Es zeigte sich, dass in diesem Fall die Schwellung zwischen DT–behandelten Mäusen und Kontrollmäusen vergleichbar ist. Daraus leiteten die Autoren ab, dass LCs nicht für die Induktion der Kontakthypersensitivitätsreaktion verantwortlich sind, die anderen Langerin$^+$ DC–Subtypen dabei jedoch eine wichtige Rolle spielen (Wang *et al.*, 2008).

Im Gegensatz dazu sprechen die Ergebnisse von Bennett *et al.* für eine Involvierung von LCs bei der Einleitung einer Kontakthypersensitivitätsreaktion, denn in ihren Untersuchungen weisen Lang–DTR–Mäuse in der selektiven Abwesenheit von LCs eine verminderte Kontakt-hypersensitivitätsreaktion auf (Bennett *et al.*, 2007).

Da sich die beiden Lang–DTR–Mausmodelle sehr ähnlich sind, liegt die wahrscheinlichste Erklärung für die abweichenden Ergebnisse in der Versuchsstrategie. Es ist denkbar, dass nach dem Auftragen von geringen Mengen eines Haptens in den Experimenten von Bennett *et al.* vor allem LCs in Kontakt mit dem Antigen kommen und anschließend die adaptive Immunantwort aktivieren. Nach dem Auftragen hoher Konzentrationen des Haptens in den Experimenten von Wang *et al.* könnte das Antigen auch die Langerin$^+$ DCs in der Dermis erreichen und LCs könnten unnötig werden (Kaplan *et al.*, 2008).

Schließlich zeigen Lang–DTA–Mäuse, denen LCs von Geburt an fehlen, im Vergleich mit Kontrollmäusen, eine verstärkte Kontakthypersensitivitätsreaktion, woraus die Autoren eine regulatorische Funktion dieser Zellen ableiteten (Kaplan *et al.*, 2005). Warum Lang–DTR–Mäuse, denen selektiv LCs fehlen, nicht ebenfalls eine verstärkte Kontakthypersensitivitätsreaktion zeigen, lässt sich nicht einfach erklären. Eine Ursache könnte die Diversität der verwendeten Mausmodelle sein. So wäre es denkbar, dass die andauernde Abwesenheit von LCs in den Lang–DTA–Mäusen die Entwicklung regulatorischer Mechanismen negativ beeinflusst (Kaplan *et al.*, 2005; Kaplan *et al.*, 2008).

Auf eine immunsuppressive Rolle von LCs weisen auch Transplantationsversuche in LC–defizienten Lang–DTA–Mäusen hin, die Hauttransplantate abstoßen, welche in Wildtyp–Mäusen langfristig akzeptiert werden (Obhrai *et al.*, 2008).

Ein anderes *in vivo*–Modell, das sich hervorragend für die Untersuchung der Funktion von DC–Subtypen der Haut eignet, ist das experimentelle Modell der Leishmaniose. Die durch den Parasiten *Leishmania major* verursachte Infektion beschränkt sich in resistenten Mäusen auf die Haut und die Haut–drainierenden Lymphknoten. Für die Heilung ist eine adaptive Immunantwort essentiell, die durch DCs im Haut–drainierenden Lymphknoten ausgelöst wird (Sacks und Noben-Trauth, 2002).

1.3 Die Leishmaniose

1.3.1 Die Leishmaniosen des Menschen

Weltweit zählt die Leishmaniose zu den wichtigsten Infektionskrankheiten. Es sind schätzungsweise mehr als zwölf Millionen Menschen in 88 Ländern infiziert und jährlich kommt es zu etwa zwei Millionen Neuerkrankungen. Für die Behandlung werden meist Antimonpräparate eingesetzt, die allerdings mit starken

Nebenwirkungen verbunden sein können. Somit ist bisher keine optimale Therapie möglich und leider gibt es auch keine vorbeugende Impfung (von Stebut, 2007a). Es gibt etwa 30 *Leishmanien*–Spezies, die im Menschen verschiedene Formen der Leishmaniose verursachen können. Je nach Symptomatik unterscheidet man in viszerale, mukokutane und kutane Leishmaniose. *L. donovani* und *L. infantum* verursachen mit der viszeralen die schwerste Form der Leishmaniose. Diese kommt vor allem in Indien, aber auch in Europa, Afrika und Mittel– und Südamerika vor. Der gesamte Organismus ist von der Infektion betroffen und es kommt zu Fieber, Anämie, Gewichtsverlust und dem Anschwellen von Leber und Milz, was unbehandelt sehr häufig zum Tode führt. Bei der kutanen Leishmaniose, die im Nahen Osten und im Mittelmeerraum vorkommt und unter anderem durch *L. major* und *L. tropica* verursacht wird, handelt es sich um die häufigste Form der Krankheit. Dabei kommt es zu lokalen, ulzerierenden Hautläsionen, die normalerweise innerhalb von mehreren Monaten auch ohne Behandlung ausheilen. Die Gattungen *L. mexicana* und *L. braziliensis*, anzutreffen im südamerikanischen Raum, verursachen ebenfalls Hautläsionen, die sich aber anschließend durch Metastasierung des Erregers in den Schleimhäuten von Nase, Mund und Rachen ausbreiten (mukokutane Leishmaniose). Dies führt, wenn nicht sogar zum Tod, zu lebenslänglichen Entstellungen der Patienten (Ashford, 2000; Gramiccia und Gradoni, 2005; von Stebut, 2007a).

1.3.2 Der Parasit und sein Lebenszyklus

Im Jahr 1903 beschrieben William B. Leishman und Charles Donovan unabhängig voneinander die *Leishmanien* als obligat intrazelluläre Parasiten der Familie *Trypanosomatidae* (Donovan, 1903; Leishman, 1903). Der Parasit folgt einem zweiphasigen Lebenszyklus, in dem er in verschiedenen Formen vorkommt. In ihrem Vektor, der Sandmücke, liegen sie als gestreckte, etwa 10 – 15 µm lange, begeißelte, promastigote *Leishmanien* vor. In ihren Wirten, zu denen vor allem

Hunde und Nager, in geringerem Maß auch Menschen, Katzen, Rinder und Pferde gehören, transformieren sie in rundliche, 2,5 – 6,8 µm große, unbegeißelte Amastigote. In Abb. 1.3 ist der vereinfachte Lebenszyklus dargestellt, der damit beginnt, dass eine weibliche Sandmücke der Gattung *Phlebotomus* oder *Lutzomyia* 10 – 100 infektiöse, metazyklische, promastigote *Leishmanien* durch einen Stich in die Haut des Wirtes injiziert. Im Säugetierwirt replizieren die *Leishmanien* in den Vakuolen von Zellen des mononukleären Systems, vor allem in Makrophagen. Dort transformieren sie innerhalb weniger Tage in die amastigote Form und es kommt zur massiven Vermehrung durch Teilung. Schließlich platzt die infizierte Zelle und setzt die *Leishmanien* in das umgebende Gewebe frei. Weitere Zellen werden infiziert, die auch in den Blutstrom gelangen und von dort aus bei der nächsten Blutmahlzeit von einer Sandmücke aufgenommen werden können. Im Darm der Sandmücke wandeln sich die amastigoten Parasiten wieder in promastigote Parasiten um und der Zyklus kann von neuem beginnen (Von Stebut, 2007b).

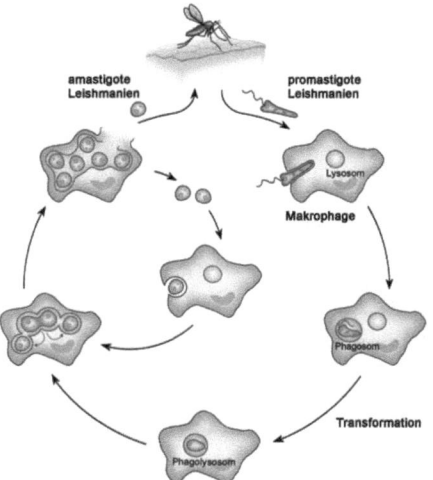

Abb. 1.3: Vereinfachter Lebenszyklus von *Leishmanien*
Infizierte Sandmücken injizieren metazyklische, promastigote *Leishmanien* in den Wirt. Die Parasiten werden von Makrophagen aufgenommen, wandeln sich in die amastigote Form um und replizieren im Phagolysosom. Dies führt schließlich zum Platzen der Wirtszelle. Die dabei freigesetzten Erreger infizieren umgebende Zellen. Bei einer erneuten Blutmahlzeit nimmt die Sandmücke amastigote *Leishmanien* auf, die sich in ihr zu infektiösen Promastigoten entwickeln.

1.3.3 Die Immunantwort gegen *Leishmania major*

Wie bereist erwähnt verursacht *L. major* ulzerierende, selbst heilende Hautläsionen bzw. die kutane Leishmaniose. Die durch die Infektion ausgelöste Immunreaktion kann in verschiedene Phasen unterteilt werden. Im ersten, auch als „stille Phase" bezeichneten Abschnitt der Infektion kommt es zur Invasion der Makrophagen durch *L. major*. Der Parasit hat verschiedene Strategien entwickelt, um die Phagozytose durch seine bevorzugte Wirtszelle zu erzwingen und gleichzeitig dafür zu sorgen, dass er in ihr überleben kann. Um seiner Abtötung im Makrophagen zu entgehen, inhibiert der Parasit die Antigenpräsentations– und Wanderungsfähigkeit seiner Wirtszelle sowie auch die Produktion von IL–12 und antimikrobiellem Stickstoffmonoxid (NO). Diese Phase, in der kaum klinische Symptome zu beobachten sind, dauert vier bis fünf Wochen. Nach einer massiven Replikation der Amastigoten und der Infektion weiterer Makrophagen durch freigesetzte Parasiten kommt es in der zweiten Phase zum Auftreten klinischer Symptome. Hautläsionen werden dabei durch die Invasion von rekrutierten Zellen, wie Mastzellen, Eosinophilen, Neutrophilen und Makrophagen ausgelöst. Vor allem Mastzellen tragen zur Ausschüttung des proinflammatorischen Zytokins TNF bei. Dadurch werden weitere Zellen der angeborenen Immunität angelockt, die unter anderem CCL3 und CCL4 bilden, was wiederum zur Rekrutierung weiterer Makrophagen zum Infektionsherd führt. Etwa sechs Wochen nach der Infektion kommt es schließlich zur Einleitung der adaptiven Th1–Zell–Antwort durch IL–12–produzierende DCs im Haut–drainierenden Lymphknoten. Th1–Effektorzellen wandern daraufhin in die infizierte Haut ein und tragen durch die Produktion von IFN–γ zur Aktivierung der Makrophagen bei. Auch IFN–γ–produzierende CD8$^+$ T–Zellen werden während der Immunantwort induziert und unterstützen die Makrophagenaktivierung am Infektionsort. Aktivierte Makrophagen erzeugen intrazellulär NO, welches die Parasiten abtötet. Nach einer erfolgreichen Immunantwort gegen *L. major* persistieren einige Parasiten im Organismus. Obwohl dies ein gewisses Risiko birgt, z. B. bei einer Koinfektion mit dem *Human Immunodeficiency Virus* (HIV), scheint es für die Ausbildung einer schützenden Gedächtnis–Antwort unverzichtbar zu sein (Von Stebut, 2007b). Viele der beschriebenen Erkenntnisse wurden zunächst im Mausmodell gewonnen und anschließend im Menschen bestätigt.

1.3.4 Das experimentelle Modell der Leishmaniose

Die Infektion verschiedener Mausstämme mit *L. major* hat in den letzten Jahren viel zum Verständnis der Mechanismen beigetragen, die mit Resistenz oder Anfälligkeit gegenüber diesem Erreger verbunden sind. Eine Vielzahl von Faktoren beeinflusst den Infektionsverlauf in Mäusen, der durch die Beobachtung der Gewebeschwellung verfolgt werden kann.

Der genetische Hintergrund der infizierten Mäuse spielt eine entscheidende Rolle für den Verlauf der Leishmaniose. C57BL/6–Mäuse entwickeln eine Th1–Zell–Antwort gegen *L. major* (siehe oben), können die Krankheit somit vollständig ausheilen und bilden ein immunologisches Gedächtnis aus. Dagegen kommt es in BALB/c–Mäusen zu einem chronischen Verlauf der Infektion, da sie eine Th2–Zell–Antwort aufweisen, die durch die Produktion von IL–4, IL–5, IL–10 und IL–13 gekennzeichnet ist (Sacks und Noben-Trauth, 2002). Weiterhin wirkt sich die verwendete Infektionsdosis auf das Maximum der Schwellung und die Parasitenlast aus, welche nicht zwingend korreliert sind (Ritter *et al.*, 2004a). Viele Versuche werden mit sehr hohen Parasitendosen (z. B. 3×10^6 inokulierte Parasiten) durchgeführt, da sie zu einer starken und damit gut messbaren Immunreaktion führen. Um zu verstehen, was während der natürlichen Infektion passiert, sollten jedoch auch *low dose*–Experimente (100 – 3000 inokulierte Parasiten) gemacht werden. Bei diesen kommt es im Gegensatz zu *high dose*–Infektionen zu einer Verzögerung der Parasitenvermehrung und der Immunreaktion. Außerdem scheinen $CD8^+$ T–Zellen in diesen Infektionsmodellen eine entscheidende Rolle zu spielen, während sie für den Verlauf einer *high dose*–Infektion nicht von Bedeutung sind

(Belkaid et al., 2000). Zu beachten ist auch, dass die Verwendung verschiedener L. major–Stämme zu Divergenzen im Infektionsverlauf führen kann. So verursacht z. B. der L. major–Stamm MHOM/IL/80/FRIEDLIN eine weitaus schwächere Pathologie und Immunantwort als der in dieser Arbeit verwendete L. major–Stamm MHOM/IL/81/FE/BNI (Ritter et al., 2004a). Schließlich sei noch erwähnt, dass unterschiedliche Infektionsstellen gebräuchlich sind. Einige Labore injizieren die Parasiten intradermal ins Ohr, andere subkutan in die Pfote oder den Schwanzansatz. Dies könnte den Infektionsverlauf beeinflussen, denn die zelluläre Umgebung, in welche die Parasiten injiziert werden, ist nicht vollkommen identisch. Mit welchen DC–Subtypen der Haut die *Leishmanien* in Kontakt kommen, ist sehr wahrscheinlich entscheidend für den Krankheitsverlauf.

1.3.4.1 Die Bedeutung von DC–Subtypen im experimentellen Modell der Leishmaniose

DCs aktivieren die L. major–spezifische Immunreaktion und sind damit das entscheidende Bindeglied zwischen angeborener und adaptiver Immunabwehr gegen den Parasiten. Während der Infektion können DCs naiven $CD4^+$ T–Zellen über MHC–II–Moleküle *Leishmanien*–Antigen (L–Ag) präsentieren. Indem sie außerdem IL–12 ausschütten, leiten sie eine Th1–Zell–Antwort ein. Außerdem können DCs L–Ag durch *cross presentation* auch in MHC–I–Molekülen präsentieren und dadurch $CD8^+$ T–Zellen in den lymphatischen Organen aktivieren (Von Stebut, 2007b).
Ob die Aktivierung naiver T–Zellen durch infizierte DCs, oder durch solche, die L–Ag aufgenommen haben, stattfindet, ist nicht zweifelsfrei geklärt. Unveröffentlichten Beobachtungen zufolge kann eine DC, die in der Haut durch einen lebenden Parasiten infiziert wurde, nicht mehr zum Haut–drainierenden Lymphknoten wandern (Uwe Ritter, persönliche Kommunikation). Das spricht dafür, dass DCs L–Ag aus der Umgebung aufnehmen, aktiviert werden und dann in

den Haut-drainierenden Lymphknoten wandern, um dort naiven T-Zellen L-Ag/MHC-Komplexe zu präsentieren. Schließlich stellt sich die Frage, welcher DC-Subtyp für die Einleitung einer adaptiven Immunantwort gegen *L. major* verantwortlich ist. Trotz intensiver Forschung in den vergangenen Jahren wurde diese Frage bisher nicht beantwortet. Frühe Studien zeigten, dass LCs für den L-Ag-Transport und die T-Zell-Aktivierung wichtig sind (Moll, 1993). Neuere Arbeiten weisen jedoch darauf hin, dass dafür nicht LCs sondern dDCs oder DCs, die sich im Lymphknoten befinden, verantwortlich sind (Iezzi *et al.*, 2006; Ritter *et al.*, 2004b). Zur Klärung dieses Sachverhalts soll diese Arbeit beitragen.

1.4 Zielstellung der Arbeit

Die Funktion verschiedener DC-Subtypen der Haut in adaptiven Immunantworten ist bisher nur unzureichend verstanden, nicht zuletzt da ein wichtiger Bestandteil des DC-Netzwerks der Haut, die Langerin$^+$ dDC, erst im Dezember 2007 identifiziert wurde. Das experimentelle Modell der Leishmaniose bietet eine hervorragende Möglichkeit, um die Funktion von Langerin$^+$ DCs und anderen DCs in der Haut und in den Haut-drainierenden Lymphknoten bei der Aktivierung spezifischer T-Zell-Antworten zu untersuchen. Bisher herrscht Unklarheit darüber, welche Rolle LCs, Langerin$^+$ dDCs und Langerin$^-$ dDCs bei der Einleitung einer *L. major*-spezifischen Immunantwort spielen. Mit Hilfe von Lang-DTR-Mäusen, in denen Langerin$^+$ DCs depletiert werden können, sollte die Involvierung der unterschiedlichen DC-Subtypen bei der *L. major*-Infektion untersucht werden. Die drei folgenden Fragen standen im Zentrum der Untersuchungen:

(1) Wie wirkt sich die Abwesenheit von Langerin$^+$ DCs auf den Infektionsverlauf im *high dose–* und im *low dose–*Modell der *L. major–*Infektion aus?

(2) Welchen Einfluss hat die Abwesenheit von Langerin$^+$ DCs auf die Aktivierung *L. major–*spezifischer T–Zell–Subpopulationen und deren Effektorfunktionen?

(3) Spielen LCs und Langerin$^+$ dDCs im experimentellen Modell der Leishmaniose bei der Aktivierung immunpathologischer und immunregulatorischer Komponenten eine unterschiedliche Rolle?

2 Material und Methoden

2.1 Material

2.1.1 Laborgeräte

Analysewaage	Sartorius AG, Göttingen
CO_2–Inkubator	Heraeus Instruments, Hanau
Digitalkamera (Nikon E4500)	Nikon, Düsseldorf
ELISA–Reader MRX II	Dynex Technologies GmbH, Berlin
FACSCalibur Flow Cytometer	Becton Dickinson, Heidelberg
FACS–Software CELLQuest Pro	Becton Dickinson, Heidelberg
Fluoreszenzmikroskop (Axioskop 2 plus)	Zeiss, Jena
Fluoreszenzmikroskop–Kamera (C4742–95)	Hamamatsu, Herrsching
Fluoreszenzmikroskop–Software Openlab 5.0.2	Improvision, Coventry, UK
Fußdicken–Messgerät	Kroeplin GmbH, Schlüchtern
Heizblock (Thermomixer, Comfort)	Eppendorf, Hamburg
Light Cycler	Roche, Penzberg
Magnetrührer	IKA Labortechnik, Staufen
Mehrkanalpipette „Research Pro"	Eppendorf, Hamburg
Midi–MACS–Zellseparationssystem	Milteny Biotec, Bergisch Gladbach
pH–Meter (WTW pH 537)	Labotec, Wiesbaden
Photometer	Eppendorf, Hamburg
Pipetten	Abimed, Langenfeld
Rührstrudler	IKA Labortechnik, Staufen
Schüttler	Eppendorf–Nethler–Hinz, Hamburg
Sterile Arbeitsbank (Hera Safe)	Heraeus Instruments, Hanau
Taqman (ABI PRISM 7000 SDS)	Applied Biosystems, Darmstadt
Umkehrmikroskop (Axiovert 200)	Zeiss, Jena
Wasserbad	IKA Labortechnik, Staufen
Wasserdeionisierungsanlage	SG Clear, Barsbüttel

Zentrifuge (Megafuge 1.0R)　　　　　　　Heraeus Instruments, Hanau
Zentrifuge (Biofuge fresco)　　　　　　　Heraeus Instruments, Hanau

2.1.2 Glas– und Plastikwaren

Deckgläschen	Engelbrecht, Edermünde
ELISA–Platten (Microlon)	Greiner, Frickenhausen
FACS–Röhrchen	Becton Dickinson, Heidelberg
Falcon–Röhrchen (15 ml, 50 ml)	Becton Dickinson, Heidelberg
Kanülen	Braun, Melsungen
Hamilton Mikroliterspritze	Heinen + Löwenstein, Darmstadt
Light Cycler–Kapillaren	Roche, Penzberg
MicroAmp–Platten (96 Näpfe für RT–PCR)	Applied Biosystems, Darmstadt
MicroAmp–Kappen (8–er Streifen für RT–PCR)	Applied Biosystems, Darmstadt
Neubauer–Zählkammer für *Leishmanien* (Tiefe 20 µm)	Hecht–Assistent, Sondheim
Neubauer–Zählkammer für Zellen (Tiefe 100 µm)	Hecht–Assistent, Sondheim
Objektträger (Superfrost)	R. Langenbrinck, Teningen
Pipettenspitzen	Sarstedt, Nürnberg
Plastikpipetten (2 ml, 5 ml, 10 ml, 25 ml)	Sarstedt, Nürnberg
Quarzküvetten	Hellma, Mülheim
Reaktionsgefäße (0,5 ml, 1,5 ml, 2 ml)	Eppendorf, Hamburg
Spritzen (1 ml, 2 ml, 5 ml, 10 ml)	Braun, Melsungen
Sterilfilter (0,22 µm und 0,45 µm)	Schleicher & Schuell, Dassel
Zellkulturplatten (96 Näpfe, Rundboden)	Greiner, Frickenhausen
Zellkulturplatten (6 Näpfe, 96 Näpfe, Flachboden)	Greiner, Frickenhausen
Zellsiebe (Cell Strainer, 70 µm, steril)	Becton Dickinson, Heidelberg
Zellsiebe (CellTrics, 30 µm, unsteril)	Partec GmbH, Münster

2.1.3 Chemikalien und Lösungen

Die in der Arbeit verwendeten Chemikalien wurden, sofern nicht anders angegeben, von den Firmen Fluka (Neu–Ulm), Merck (Darmstadt), Roth (Karlsruhe) oder Sigma (Deisenhofen) bezogen.

2.1.4 Mausstämme und *Leishmanien*–Stamm

Mausstämme

C57BL/6 ($H-2^b$)	BNI, Hamburg
BALB/c ($H-2^d$)	UKE, Hamburg
Langerin–EGFP–hDTR (= Lang–DTR) ($H-2^b$)	auf C57BL/6–Hintergrund, *knock in* durch Einfügen einer hDTR–EGFP–Expressions–kassette in die 3´–untranslatierte Region des *langerin*–Gens (Kissenpfennig *et al.*, 2005b), BNI, Hamburg
OT–I ($H-2^b$)	T–Zell–Rezeptor–transgene Maus, deren T–Zell–Rezeptor einen Komplex aus $H2-K^b$ und dem Peptid $OVA_{257-264}$ erkennt (Hogquist *et al.*, 1994), MPI für Infektionsbiologie, Berlin
OT–II ($H-2^b$)	T–Zell–Rezeptor–transgene Maus, deren T–Zell–Rezeptor einen Komplex aus $H2-K^b$ und dem Peptid $OVA_{323-339}$ erkennt (Barnden *et al.*, 1998), UKE, Hamburg

<u>Leishmanien-Stamm</u>

L. major (MHOM/IL/81/FE/BNI) BNI, Hamburg (Solbach, 1986)

2.1.5 Antikörper und Detektionsreagenzien

<u>FACS-Antikörper</u>

Spezifität und Konjugation	Klon	Herkunft
Ratte-anti-Maus CD4 PE	CT-CD4	CALTAG, Burlingame, USA
Ratte-anti-Maus CD4 APC	RM4-5	BD Pharmingen, Heidelberg
Ratte-anti-Maus CD4 FITC	RM4-5	BD Pharmingen, Heidelberg
Ratte-anti-Maus CD8α PerCP	5H10	BD Pharmingen, Heidelberg
Ratte-anti-Maus CD8α APC	5H10	BD Pharmingen, Heidelberg
Ratte-anti-Maus CD8α FITC	CT-CD8α	CALTAG, Burlingame, USA
Ratte-anti-Maus B220 PE	RA3-6B2	CALTAG, Burlingame, USA
Ratte-anti-Maus CD45 PerCP	30-F11	BD Pharmingen, Heidelberg
Ratte-anti-Maus CD62L PE	MEL-14	BD Pharmingen, Heidelberg
Ratte-anti-Maus IFN-γ PE	XMG1.2	BD Pharmingen, Heidelberg
Ratte-anti-Maus IL-10 APC	JES5-16E3	BD Pharmingen, Heidelberg
Ratte-anti-Maus Vβ5.1/5.2 PE	MR9-4	BD Pharmingen, Heidelberg
Maus-anti-BrdU FITC	B44	BD Pharmingen, Heidelberg

<u>Isotypkontrollen</u>

Spezifität und Konjugation	Klon	Herkunft
Ratte IgG2a APC/FITC/PE	R35-95	BD Pharmingen, Heidelberg
Ratte IgG2b PE	R12-3	BD Pharmingen, Heidelberg
Ratte IgG1 PE	R3-34	BD Pharmingen, Heidelberg

Immunfluoreszenz–Antikörper

Spezifität und Konjugation Ratte–anti–Maus Langerin Alexa–Fluor–488
Klon eBioRMUL.2
Herkunft eBioscience, San Diego, USA

ELISA–Antikörper

Spezifität und Konjugation	*Klon*	*Herkunft*
Ratte–anti–Maus IgG1 HRP	keine Angaben	Zymed, Karlsruhe
Ratte–anti–Maus IgG2c HRP	keine Angaben	Zymed, Karlsruhe
Kanninchen–anti–Maus Ig HRP	Z0259	DAKO, Glastrup, Dänemark

Zytokin–ELISA und durchflusszytometrischer Zytokinnachweis

Zur Quantifizierung der Zytokine IFN–γ, IL–10, IL–4 und IL–12p40 in den Überständen von Lymphknoten–Zellsuspensionen wurden DuoSet ELISA Development Kits (R&D Systems, Wiesbaden) verwendet. Alternativ wurden IFN–γ, IL–10, IL–12p70, CCL–2, TNF und IL–6 durchflusszytometrisch mit Hilfe eines Cytometric Bead Array (CBA) Kits (BD Pharmingen, Heidelberg) quantifiziert.

2.1.6 Material für zellbiologische Arbeiten

Reagenzien

2–Mercaptoethanol	Sigma, Deisenhofen
Brain Heart Infusion Agar (BHI–Agar)	Fluka, Neu–Ulm
Bromdesoxyuridin (BrdU)	Sigma, Deisenhofen
Carboxyfluoresceinsuccinimidylester (CFSE)	Invitrogen, Niederlande
Cohn–II (humane IgG–Fraktion)	Sigma, Deisenhofen
Concanavalin A (ConA)	Sigma, Deisenhofen
Cytofix/Cytoperm– und Perm/Wash–Lösung	Becton Dickinson, Heidelberg

4´,6–Diamidino–2´–phenylindol Dihydrochlorid (DAPI)	Sigma, Deisenhofen
Dimethylsulfoxid (DMSO)	Roth, Karlsruhe
DNAse	Sigma, Deisenhofen
Diphtheria Toxin (DT)	Sigma, Deisenhofen
Ethylendiamintetraessigsäure (EDTA) (500 mM)	Calbiochem, Schwalbach
Fettstift DakoCytomation Pen	DakoCytomation, Glostrup, DK
Fötales Kälberserum (FCS)	Sigma, Deisenhofen
Golgi–Stop	BD Pharmingen, Heidelberg
Glutaraldehyd	Plano GmbH, Wetzlar
Hanks´ Buffered Salt Solution mit Ca^{2+}, Mg^{2+} (HBSS)	PAA, Linz, Österreich
IMID–Medium (ohne L–Glutamin)	PAA, Linz, Österreich
Inkomplettes Freunds Adjuvans (IFA)	Gibco, Karlsruhe
Ionomycin	Sigma, Deisenhofen
Kaninchenblut (defibriniert)	Charles River, Sulzfeld
Kollagenase D	Roche, Mannheim
Latex–Kugeln	BD Pharmingen, Heidelberg
L–Glutamin	PAA, Linz, Österreich
Lipopolysaccharid (LPS, *E. coli* Stamm 055:B5)	Sigma, Deisenhofen
LS–Separationssäulen	Milteny Biotec, Bergisch Gladbach
Macrophage colony–stimulating factor (M–CSF)	eigene Herstellung
Ovalbumin (OVA)	MWG Biotech, Ebersberg
Pan T Cell Isolation Kit	Milteny Biotec, Bergisch Gladbach
Phorbol–12–myristat–13–acetat (PMA)	Sigma, Deisenhofen
PenicillinG–Streptomycin Lösung (100–fach)	Gibco/BRL GmbH, Eggenstein
Rinderserumalbumin (BSA)	Roche, Penzberg
RPMI 1640–Medium (ohne L–Glutamin)	PAA, Linz, Österreich
Trypanblau	Sigma, Deisenhofen
Tween 20	Sigma, Deisenhofen

Kulturmedien, Puffer und Stammlösungen

Alle Puffer und Lösungen wurden mit deionisiertem Wasser (dH$_2$O) angesetzt. Für die Zellkultur wurden die Medien und Lösungen sterilfiltriert (Porengröße 0,22 µm) und der BHI–Agar für den Blutagar autoklaviert (20 min, 135 °C, 2 bar). Zur Inaktivierung des Komplementsystems im FCS und Rattenserum wurden diese vor Gebrauch für 45 min auf 56 °C erwärmt.

Ammoniumthiocyanatlösung
3,8 g NH$_4$SCN
ad 100 ml dH$_2$O

Blutagar
50 ml Kaninchenblut (defibriniert)
50 ml NaCl (0,9 % in dH$_2$O)
1 x PenicillinG–Streptomycin
200 ml BHI–Agar (52 g / l in dH$_2$O)

CFSE–Stammlösung
5 mM in DMSO

Coating–Puffer (ELISA)
Puffer A: 10 mM Na$_2$CO$_3$
Puffer B: 20 mM NaHCO$_3$
Zu 70 ml Puffer A wurde Puffer B zugegeben, bis ein pH–Wert von 9,6 erreicht war.

Cohn–II–Stammlösung
10 mg / ml in PBS

DAPI–Stammlösung
500 µg / ml in dH$_2$O

Diphtheria *Toxin Stammlösung*
20 µg / ml in PBS

Erythrozyten–Lysepuffer
10 % 0,1 M Tris/HCl (pH 7,5)
90 % 0,16 M Ammoniumchlorid

FACS–Puffer
3 % FCS
0,05 % Natriumazid in PBS

Farbsubstratlösung (ELISA)
200 µl TMB–Stammlösung
1,2 µl Wasserstoffperoxid (30 %)
ad 12 ml Substratpuffer

Griess–1–Lösung
0,5 g Sulfonamid
1,25 ml H$_3$PO$_4$ (85 %)
ad 50 ml dH$_2$0

Griess–2–Lösung
0,05 g Naphtylethylendiamin–Dihydrochlorid
1,25 ml H$_3$PO$_4$ (85 %)
ad 50 ml dH$_2$0

Kollagenase D–Stammlösung
10 mg / ml in HBSS

Magnetic Cell Sorting (MACS)–Puffer
2 mM EDTA
0,5 % BSA in PBS

Ovalbumin (OVA)–Stammlösung
10 mg / ml in PBS

PBS (10 x) (Phosphate Buffered Saline)
80 g NaCl
2 g KCl
14,4 g Na_2HPO_4
2,4 g KH_2PO_4
ad 1 l dH_2O
pH 7,4

RPMI–Vollmedium
RPMI 1640–Medium
10 % FCS
2 mM L–Glutamin
1–fach PenicillinG–Streptomycin (Penicillin: 100 units / ml), Streptomycin: 100 µg / ml)
50 µM 2–Mercaptoethanol

Stopppuffer (ELISA)
2 M H_2SO_4

Substratpuffer (ELISA)
100 mM NaH_2PO_4
pH 5,5

TMB–Stammlösung
30 mg Tetramethylbenzidin
5 ml DMSO

Trinkwasser für den in vivo–Proliferationstest
300 mg Glucose
75 mg BrdU
ad 150 ml H_2O für einen Käfig mit 3 Mäusen

Waschpuffer (ELISA und epidermal sheets*)*
0,05 % Tween 20 in PBS

2.1.7 Material für molekularbiologische Arbeiten

Reagenzien

AmpliTAQ Gold Kit	Applied Biossystems, Darmstadt
Ampuva–Wasser	Fresenius, Bad Homburg
Desoxyribonukleotide (dNTPs)	Applied Biossystems, Darmstadt
Glycogen	Fermentas, St.Leon–Rot
Proteinase K	Roche, Penzberg
Puregene Cell Lysis Solution	Quiagen, Hilden
Puregene Precipitation Solution	Quiagen, Hilden
Puregene Hydration Solution	Quiagen, Hilden
Rinderserumalbumin (BSA)	Roche, Penzberg

Primer und Sonden für die *Real–Time*–Polymerasekettenreaktion (RT–PCR)
Alle verwendeten Primer und Sonden wurden von der Firma TIB MOLBIOL in Hamburg hergestellt.

Leishmania–18S rRNA
Primer ISS1: 5′–GCT CCA AAA GCG TAT ATT AAT GCT GT–3′
Primer ISRV: 5′–TCC TTC ATT CCT AGA GGC CGT GAG T–3′
Sonde Dif 1c: 5′–GGT TTT AAA GGT CTA TTG GAG ATT ATG GAG CTG TGC G—FL–3′
Sonde Dif 3: 5′–LC640–CAA GCG CTT TCC CAT CGC AAC CTC GGT—PH–3′
Maus–β–Aktin
Primer: 5′–TCA CCC ACA CTG TGC CCA TCT ACG A–3′
Primer: 5′–GGA TGC CAC AGG ATT CCA TAC CCA–3′
Sonde: 5′–(FAM) TAT GCT C(TAMRA) TCC CTC ACG CCA TCC TGC GT–3′

Kulturmedien, Puffer und Stammlösungen
Desoxyribonukleotid–Gemisch (dNTPs)
je 2,5 mM dATP, dCTP, dGTP, dTTP

Proteinase K–Stammlösung
20 mg / ml in Ampuva–Wasser

BSA–Stammlösung
1 mg / ml in Ampuva–Wasser

2.2 Methoden

2.2.1 Zellbiologische Methoden

2.2.1.1 *Leishmanien*-Kultur

Die Kultivierung promastigoter *L. major*–Parasiten erfolgte in RPMI–Vollmedium auf Blutagar bei 28 °C und 5 % CO_2. Für die Herstellung der Blutagar–Platten wurden 50 µl Blutagar im 45 °–Winkel in eine unbeschichtete Zellkulturplatte mit 96 Näpfen gegossen, so dass die Hälfte des Bodens frei von Agar blieb. Im Bereich vor dem Blutagar wuchsen die *Leishmanien* in 150 µl RPMI–Vollmedium zu einer konfluenten Schicht. Wöchentlich wurden die Parasiten aus acht Näpfen entnommen, mit 15 ml RPMI–Vollmedium gemischt und auf eine neue Zellkulturplatte verteilt. Alle sieben bis neun Wochen erfolgte eine Mauspassage, um die Virulenz der *Leishmanien* zu erhalten. Dies geschah durch die Infektion von BALB/c–Mäusen mit 3 x 10^6 *L. major*–Parasiten in die rechte Hinterpfote. Nach vier Wochen konnten die Parasiten aus den Pfoten isoliert werden, indem diese mit einer Schere steril zerkleinert und durch ein Zellsieb (70 µm) gedrückt wurden. Nach Zentrifugation bei 3000 g und 4 °C für 10 min wurde das Zellpellet in 16 ml RPMI–Vollmedium resuspendiert und zur Kultur auf eine Blutagarplatte ausgesät.

2.2.1.2 Herstellung von *Leishmanien*–Antigen

Für die Herstellung von löslichem *Leishmanien*–Antigen (L–Ag) wurden promastigote *L. major*–Parasiten in der stationären Wachstumsphase aus den Blutagarplatten entnommen und dreimal mit 10 ml sterilem PBS gewaschen (Zentrifugation bei 3000 g und 4 °C für 10 min). Anschließend wurde eine 1:10–Verdünnung der Parasiten in Paraformaldehyd–Lösung in einer Neubauer–Zählkammer (20 µm Tiefe, Kammerfaktor 5 x 10^4) ausgezählt. Die

Parasiten wurden mit PBS auf 1×10^9 *L. major* / ml eingestellt und in 200 µl–Aliquots in Reaktionsgefäße gefüllt. Es schlossen sich drei Zyklen an, in denen die Parasiten je 3 min abwechselnd im 55 °C warmen Wasserbad und flüssigem Stickstoff inkubiert wurden. Das so gewonnene L–Ag wurde bis zur weiteren Verwendung bei –20 °C gelagert.

2.2.1.3 Zellzählung

Die Zahl lebender Zellen in einer Kultur lässt sich mit Hilfe einer Neubauer–Zählkammer unter Verwendung des Trypanblau–Ausschlusstests bestimmen. Trypanblau ist ein saurer Farbstoff, der durch defekte Zellmembranen toter Zellen in das Zytosol eindringt und diese Zellen tiefblau färbt. Vitale Zellen erscheinen unter dem Mikroskop leuchtend hell. Zur Zellzählung wurde ein Aliquot der entsprechenden Zellsuspension in einem Verhältnis von 1:10 mit Trypanblau versetzt und in einer Neubauer Zählkammer (Tiefe 100 µm) ausgezählt. Aus dem Produkt der durchschnittlichen Anzahl der Zellen aus den vier Großquadraten mit dem Kammerfaktor 1×10^4, der Verdünnung und dem Volumen der Zellsuspension ergab sich die Gesamtzellzahl aller lebenden Zellen.

2.2.1.4 Blutentnahme und Gewinnung von Serum

Für die Bestimmung *L. major*–spezifischer und DT–spezifischer Immunglobuline im Serum von Mäusen wurden ihnen 100 µl Blut aus der Schwanzvene entnommen. Nach vollständiger Gerinnung des Blutes wurde das Serum durch Zentrifugation (10 min, 10000 g, Raumtemperatur) gewonnen und im ELISA eingesetzt.

2.2.1.5 Generierung von Knochenmarksmakrophagen

Markophagen reifen aus murinen Stammzellen in Anwesenheit von M–CSF, das im Überstand von L929–Zellen in hohen Konzentrationen enthalten ist. Für die Generierung der Knochenmarks–Stammzellen wurden Femur und Tibia einer C57BL/6–Maus unter der Sterilbank entnommen und die Zellen mit RPMI–Vollmedium herausgespült. Jeweils $0,25 \times 10^6$ Zellen / ml wurden in 2 ml Makrophagen–Kulturmedium (IMID–Medium mit 30 % L929–Überstand und 5 % Pferdeserum) aufgenommen und in den Vertiefungen einer Zellkulturplatte mit sechs Näpfen kultiviert. Am dritten Tag der Kultivierung wurden weitere 2 ml Makrophagen–Kulturmedium zugegeben und an den Tagen sechs und acht nach Präparation nochmals je 2 ml Medium durch frisches ersetzt. Die Knochenmarksmakrophagen wurden an Tag 10 geerntet und für weitere Versuche verwendet.

2.2.1.6 Bestimmung der DT–induzierten Nitrit–Produktion durch Makrophagen

Um zu untersuchen, ob DT Makrophagen zur Produktion von Nitrit anregt, wurden je 3×10^5 Knochenmarksmakrophagen in RPMI–Vollmedium in jede Vertiefung einer 96–Napf Zellkulturplatte pipettiert und in einem Endvolumen von 200 µl mit verschiedenen Stimuli für 18 Stunden bei 37 °C im Brutschrank inkubiert. Dabei wurde DT in den Endkonzentrationen von 0,5 µg / ml, 0,1 µg / ml oder 0,01 µg / ml zugesetzt und LPS als Positivkontrolle mit einer Endkonzentration von 5 µg / ml. Nach der Inkubation wurden die Zellkulturüberstände in der Griess–Reaktion eingesetzt.

Die Griess–Reaktion ist eine etablierten Methode für die Analyse von Nitrit in flüssigen Medien. Dabei bildet Nitrit in einer zweischrittigen Reaktion mit den beiden Griessreagenzien ein Azoprodukt, das bei einer Wellenlänge von 540 nm ein

Material und Methoden 39

Absorptionsmaximum aufweist und somit photometrisch bestimmt werden kann. 100 µl des Zellkulturüberstands wurden in eine Zellkulturplatte mit 96 Näpfen gegeben und dann wurden je 50 µl Griess–1–Lösung und anschließend je 50 µl Griess–2–Lösung hinzugegeben. Daraufhin wurde innerhalb von 10 min die Extinktion bei 540 nm an einem ELISA–Reader bestimmt. Zuvor wurde eine Eichkurve mit Natriumnitrit im Konzentrationsbereich 0 – 50 µM aufgenommen.

2.2.1.7 Isolierung von Zellen aus Milzen und Lymphknoten

Um murine Milzzellen oder Lymphknotenzellen zu gewinnen, wurden die Organe unter der Sterilbank entnommen und auf ein mit RPMI–Vollmedium getränktes Zellsieb gelegt. Anschließend wurden die Organe mit der stumpfen Seite einer 5 ml–Spritze durch das Zellsieb gerieben, das anschließend mit 20 ml RPMI–Vollmedium durchgespült wurde. Es erfolgte die Zentrifugation der Proben für 10 min bei 300 g und 4 °C. Die Lymphknotenzellen konnten direkt für alle folgenden Versuche weiterverwendet werden. Dies galt auch für Milzzellen, die für die DNS–Isolierung benutzt wurden, aber nicht für solche, die für den adoptiven Transfer eingesetzt werden sollten. In diesem Fall schloss sich die Lyse der Erythrozyten an. Dazu wurden die Zellen 5 min bei Raumtemperatur in Erythrozyten–Lysepuffer inkubiert und nach Zugabe von 10 ml RPMI–Vollmedium nochmals für 10 min bei 300 g und 4 °C zentrifugiert.

2.2.1.8 Isolierung von Zellen aus Mauspfoten

Zur Isolierung von Zellen aus Mauspfoten wurden die Pfoten am Gelenk abgetrennt und mit einer Schere grob zerkleinert. Sie wurden in ein Reaktionsgefäß mit 1 ml HBSS und 100 µl Kollagenase D–Stammlösung gegeben. Anschließend erfolgte für 30 min der Verdau des Gewebes bei 37 °C auf einem Schüttler. Die Zugabe von

10 µl EDTA–Lösung führte zur Inaktivierung der Kollagenase D. Das verdaute Gewebe wurde wie oben beschrieben durch ein Zellsieb (70 µm) gedrückt und anschließend mit 10 ml RPMI–Vollmedium durchgespült. Nach der Zentrifugation (300 g, 4 °C, 10 min) wurden die Zellen direkt für FACS–Analysen verwendet.

2.2.1.9 Anreicherung von Zellen durch magnetische Zellsortierung (MACS)

Die Aufreinigung von T–Zellen aus den Milzzellsuspensionen von OT–1– und OT–II–Mäusen erfolgte mit Hilfe des Pan T Cell Isolation Kit nach den Angaben des Herstellers. Bei dieser Methode werden bestimmte Zellen durch spezifische Biotin–gekoppelte Antikörper markiert und durch die Bindung an magnetische Beads, die mit gegen Biotin gerichteten Antikörpern verbunden sind, getrennt. Nach Inkubation mit den jeweiligen Beads bei 4 °C im Dunkeln wurden die Zellsuspensionen mit MACS–Puffer gewaschen (300 g, 4 °C, 10 min) und auf eine magnetische Säule aufgetragen. Dabei wurden die T–Zellen negativ selektiert. Die Zellfraktionen wurden aufgefangen, zentrifugiert (300 g, 4 °C, 10 min), in Zellkulturmedium aufgenommen und gezählt. Die Reinheit der einzelnen Zellfraktionen ließ sich durch spezifische FACS–Färbungen bestimmen und betrug zwischen 85 und 95 % (Daten nicht gezeigt).

2.2.1.10 Markieren von Zellen mit CFSE

1×10^7 aufgereinigte T–Zellen von OT–I– und OT–II–Mäusen oder 1×10^7 Gesamt–Lymphknotenzellen wurden bei 300 g und 4 °C für 10 min zentrifugiert und in 10 ml PBS / 3 % FCS resuspendiert. 200 µl einer 1:100–Verdünnung der CFSE–Stammlösung in PBS wurden hinzugefügt und die Suspension für zehn Sekunden gemischt, bevor sie für 10 min bei 37 °C im abgedunkelten Wasserbad inkubiert wurde. Die Zellen wurden im Anschluss dreimal mit 30 ml eiskaltem PBS / 3 % FCS gewaschen (300 g, 4 °C, 10 min) und abschließend wurden die aufgereinigten T–Zellen in PBS und die Lymphknotenzellen in RPMI–Vollmedium aufgenommen und ausgezählt. Mittels FACS–Analyse erfolgte die Überprüfung der CFSE–Markierung.

2.2.1.11 Stimulation von Lymphknotenzellen

In dieser Arbeit wurden Gesamt–Lymphknotenzellen von naiven und infizierten Lang–DTR–Mäusen *in vitro* stimuliert, um ihr Prolifertionsverhalten und die Zytokinproduktion zu untersuchen. Dazu wurden je 3 x 10^5 CFSE–gefärbte Zellen in RPMI–Vollmedium in jede Vertiefung einer Zellkulturplatte mit 96 Näpfen pipettiert und in einem Endvolumen von 200 µl mit verschiedenen Stimuli für drei Tage bei 37 °C im Brutschrank inkubiert. Als Stimuli wurden LPS (Endkonzentration im Napf: 10 µg / ml), ConA (Endkonzentration im Napf: 2 µg / ml) oder L–Ag (das lösliche Äquivalent von drei *L. major*–Parasiten pro Lymphknotenzelle) eingesetzt. Am Ende der Inkubation wurde der Überstand abgenommen und für den Zytokin–ELISA eingesetzt. Die Zellen wurden geerntet und für die FACS–Analyse verwendet.

2.2.1.12 Durchflusszytomtrie (FACS–Analyse)

Das Verfahren der Durchflusszytometrie erlaubt die Analyse von Zellsuspensionen auf Einzelzellebene. Es beruht darauf, dass Zellen einzeln hintereinander durch eine Kapillare des FACS–Gerätes den Lichtstrahl eines Argon–Ionen–Lasers passieren. Die Vorwärtsstreuung korreliert dabei mit der Zellgröße, während die seitliche Streuung ein Maß für die zelluläre Granularität darstellt. Der Einsatz von fluoreszenzkonjugierten Antikörpern erlaubt den Nachweis verschiedene Proteine einer Zelle, die sich auf der Zelloberfläche oder intrazellulär befinden können. Die Antikörper, die spezifisch Proteine erkennen, besitzen einen Fluoreszenzfarbstoff, der entweder durch den Argon–Ionen–Laser mit einer Wellenlänge von 488 nm oder durch den roten Dioden–Laser mit einer Wellenlänge von 635 nm angeregt werden kann. In dieser Arbeit wurden die folgenden Fluorochrome verwendet: Fluorescein–Isothiocyanat (FITC) in der Fluoreszenz 1 (FL1), Phycoerythrin (PE) in FL2, Peridinin–Chlorophyll–Protein (PerCP) in FL3 und Allophycocyanin (APC) in FL4. Die Fluoreszenzintensität ist direkt proportional zur Anzahl der zu untersuchenden Moleküle auf oder in einer einzelnen Zelle. Ausgewertet werden die Daten entweder in einem Histogramm (Einparameterdarstellung) oder in einem Dotplot (Zweiparameterdarstellung).

Analyse der Expression von Oberflächenmolekülen

In dieser Arbeit wurde die Durchflusszytometrie angewendet, um Zellen aus Mauspfoten oder Lymphknoten zu untersuchen. Für die extrazelluläre Färbung wurden maximal 1×10^6 Zellen in ein FACS–Röhrchen überführt und pelletiert (300 g, 4 °C, 5 min). Zum Blockieren der Fc–Rezeptoren auf den Zellen, was eine unspezifische Anlagerung der Färbeantikörpers verhindert, wurden die Zellen in 100 µl Cohn–II–Stammlösung resuspendiert und für 20 min bei 4 °C inkubiert. Zum Waschen der Zellen wurden nach jedem Inkubationsschritt 3 ml FACS–Puffer hinzugegeben und die Proben 5 min bei 300 g und 4 °C zentrifugiert. Anschließend wurden die FITC–, PE–, PerCP– bzw. APC–konjugierten Primärantikörper anit–CD4 (1:250), anti–CD8α (1:250), anti–B220 (1:500), anti–CD62L (1:250) und anti–CD45 (1:600) verdünnt in FACS–Puffer zu den Zellen gegeben und die Ansätze wurden für 30 min bei 4 °C inkubiert. Dabei wurden Mehrfachfärbungen mit Fluorochrom–konjugierten Antikörpern durchgeführt, indem die Antikörper in ihrer entsprechenden Verdünnung gemeinsam auf die Zellen pipettiert wurden. Nach der Färbung erfolgte die Aufnahme und Auswertung der gefärbten Zellen mit Hilfe des FACSCalibur Flow Cytometers sowie dem Programm CELLQuest Pro.

Für FACS–Analysen von naiven oder infizierten Mauspfoten wurden die Zellen in 160 µl FACS–Puffer resuspendiert. Kurz vor der Analyse wurden die Proben auf einen 30 µm Zellfilter (30 µm) gegeben und mit 160 µl FACS–Puffer durchgespült. Nach Zugabe von 10000 Latex–Kugeln wurde die Probe mit dem FACS–Gerät analysiert. Dabei wurde die Aufnahme gestoppt, sobald 3000 Latex–Kugeln detektiert wurden. Über das Produkt der Anzahl der aufgenommenen Zellen mit 3,33 (Anteil der aufgenommenen Zellen in der Probe) ließ sich somit die Gesamtzellzahl, aber auch die Anzahl verschiedener Zellpopulationen in der Pfote berechnen.

Intrazellulärer Zytokinnachweis im Durchflusszytometer

Um intrazellulär IL–10 und IFN–γ nachweisen zu können, wurden je 3×10^5 Lymphknotenzellen in der Vertiefung einer Zellkulturplatte mit 96 Näpfen in einem Volumen von 200 µl für vier Stunden mit PMA (Endkonzentration im Napf: 10 ng / ml) und Ionomycin (Endkonzentration im Napf: 500 ng / ml) bei 37 °C inkubiert. Außerdem wurde in jeden Napf 1 µl Golgi–Stop pipettiert, um den Transport von Proteinen aus der Zelle zu inhibieren. Anschließend erfolgte die Färbung extrazellulärer Moleküle, wie oben beschrieben. Danach wurden die Zellen für die intrazelluläre Färbung für 20 min bei 4 °C mit 100 µl Cytofix/Cytoperm–Lösung fixiert und permeabilisiert und anschließend zweimal mit 1 ml Perm/Wash–Lösung gewaschen. Die Antikörper gegen IL–10 und IFN–γ wurden im Verhältnis 1:100 in der Perm/Wash–Lösung verdünnt und 100 µl wurden zu den Zellen gegeben. Nach 30–minütiger Inkubation bei 4 °C wurden die Zellen erneut zweimal gewaschen und für die Analyse in 200 µl FACS–Puffer aufgenommen.

Analyse des *in vivo*–BrdU–Einbaus

Zum Nachweis der *in vivo*–Proliferation von T–Zellen wurde ein BrdU–Test durchgeführt, der später in diesem Teil der Arbeit im Detail beschrieben wird. Das Verfahren beruht auf dem Einbau von BrdU in die DNS von proliferierenden

Zellen, die durch Färbung mit einem Antikörper gegen BrdU durchflusszyometrisch nachgewiesen werden können. Zunächst erfolgte die Färbung extrazellulärer Moleküle nach dem oben beschriebenen Protokoll. Danach erfolgte der Zellaufschluss mit Cytofix/Cytoperm (siehe oben) an den sich die Inkubation der Zellen in 100 µl PBS / 1 % BSA / 0,01 % Triton–X100 für 10 min bei 4 °C zum Aufbrechen des Zellkerns anschloss. Danach wurden die Zellen erneut für 5 min bei Raumtemperatur mit 100 µl Cytofix/Cytoperm inkubiert, mit 1 ml Perm/Wash–Lösung gewaschen und dann für 60 min bei 37 °C mit 30 µg DNAse / 100 µl PBS inkubiert. Nach dem Waschen mit Perm/Wash wurden 2,5 µl des FITC–konjugierten anti–BrdU Antikörpers direkt in den Rücklauf zum Zellpellet pipettiert. Der Ansatz wurde gemischt und für 20 min bei Raumtemperatur inkubiert. Nach dem letzten Waschschritt wurde die Probe in FACS–Puffer aufgenommen und im Duchflusszytometer analysiert.

Durchflusszytometrischer Nachweis von Zytokinen mit Hilfe des CBA–Kits
Die Quantifikation der sechs Zytokine IL–10, IFN–γ, IL–6, IL–10, TNF und IL–12p70 in den Zellkulturüberständen von Lymphknoten–Zellsupensionen, die mit LPS, ConA oder L–Ag stimuliert wurden, erfolgte mit dem Cytometric Bead Array (CBA) Mouse Inflammation Kit entsprechend der Angaben des Herstellers. Sechs Bead–Populationen (Kügelchen), die jeweils mit spezifischen Antikörpern gegen das entsprechende Zytokin beschichtet wurden, haben verschiedene Fluoreszenzintensitäten. Treffen Beads auf das entsprechende Zytokin in der Probe entsteht eine Antigen–Antikörperbindung, die nach Inkubation und Waschen anschließend mit dem Phycoerythrin (PE)–Detektionsreagenz markiert werden kann. Die Proben können dann im Durchflusszytometer anaylsiert werden und mit Hilfe der CBA–Software werden die einzelnen Zytokinkonzentrationen berechnet.

2.2.1.13 Enzyme–linked immunosorbant assay (ELISA)

Mit Hilfe eines ELISA können in einer Lösung enthaltene Proteine spezifisch nachgewiesen werden. Im Rahmen der vorliegenden Arbeit diente dieser Test zur Bestimmung von Zytokinen in Zellkulturüberständen und zum Nachweis *L. major*–spezifischer Immunglobuline im Serum infizierter Mäuse.

Zytokin–ELISA

Im sogenannten „Sandwich"–ELISA wurde zunächst ein Zytokin–spezifischer Primärantikörper, verdünnt in Coating–Puffer, an die Oberfläche einer ELISA–Platte (50 µl / Napf) gebunden. Die Inkubation erfolgte über Nacht bei 4 °C. Nach 24 Stunden wurden nicht gebundene Antikörper durch viermaliges Spülen mit Waschpuffer entfernt und unspezifische Bindungsstellen durch eine zweistündige Inkubation mit PBS / 1 % BSA (150 µl / Napf) bei 37 °C blockiert. Anschließend wurden 50 µl Probe in die entleerten Näpfe aufgetragen. Um die Konzentration des Zytokins in der jeweiligen Probe ermitteln zu können, ist es nötig, auf jeder Platte eine fortlaufende Standardreihe in Doppelwerten mitzuführen. Nach einer weiteren Inkubation über Nacht bei 4 °C wurden die Platten viermal mit Waschpuffer gereinigt, bevor der zweite biotinylierte Antikörper (verdünnt in PBS / 0,1 % BSA, 50 µl / Napf) hinzugefügt wurde. Nach einer Stunde bei 37 °C wurden die Platten erneut gewaschen und mit 50 µl eines Konjugats aus Streptavidin und Meerrettich–Peroxidase (1:200 in PBS / 0,1 % BSA) beladen. Biotin besitzt eine hohe Affinität zu Streptavidin, so dass sich nach 30 min stabile Komplexe gebildet haben. Die Detektion erfolgte nach viermaligem Waschen mit 100 µl einer Substratlösung. Das enthaltene TMB wird durch die Peroxidase, die proportional zu dem vorhandenen Zielmolekül im Napf vorhanden ist, in einen blauen Farbstoff umgewandelt. Sobald die Standardreihe deutlich zu erkennen war, wurde die Reaktion durch Zugabe von 25 µl 2 M H_2SO_4 pro Well gestoppt, was zu einem Farbumschlag zu Gelb führte. Die quantitative Auswertung erfolgte durch eine photometrische Messung bei 450 nm im ELISA–Reader.

Leishmanien–ELISA

Für den *Leishmanien*–ELISA wurden zunächst promastigote *L. major*–Parasiten von der Blutagarplatte geerntet, wie beschrieben mit PBS gewaschen und anschließend mit PBS auf eine Konzentration von 2×10^6 / ml eingestellt. 50 µl dieser Suspension wurden in jedes Well einer Microlon ELISA–Platte gefüllt. Die Platte wurde für 8 min bei 3000 g zentrifugiert und der Überstand dekantiert. Im Anschluss wurden die Parasiten durch Zugabe von 50 µl 0,25 % Glutaraldehyd in PBS für 5 min fixiert. Nach dreimaligem Waschen mit PBS wurden unspezifische Bindungen durch Inkubation mit 200 µl PBS / 1 % BSA über Nacht bei 4 °C blockiert. Ein erneutes Waschen führte zur Entfernung des Blockpuffers, bevor 50 µl Probenlösung als Doppelwerte hinzugefügt wurden, die über Nacht bei 4 °C inkubierten.

Es war erforderlich, die Platten danach erneut dreimal mit PBS / 0,05 % Tween 20 zu waschen, ehe 50 µl Isotyp spezifischer Ratte–anti–Maus Antikörper, in Blockpuffer gelöst, hinzugefügt werden konnte. Nach einer Stunde Inkubation bei 37 °C und dreimaligem Waschen mit PBS / 0,05 % Tween 20 wurden 100 µl der Substratlösung in jedes Well gegeben. Die Reaktion wurde mit 25 µl 2 M H_2SO_4 gestoppt, sobald die Kontrolle eine leichte Blaufärbung annahm. Die Intensität der Blaufärbung ließ sich mittels OD bei 450 nm messen. Die gemessenen Probenwerte wurden anschließend durch die Werte eines naiven Serums dividiert, um relative ELISA–Einheiten (REUs) zu erhalten.

2.2.1.14 Histologische Untersuchung von *epidermal sheets*

Die Kontrolle der Depletionseffizienz von DT erfolgte in regelmäßigen Abständen. Dazu wurden *epidermal sheets* von den Ohren DT–behandelter Lang–DTR–Mäuse angefertigt und immunhistochemisch untersucht. Nach der Abtrennung der Mausohren wurden die beiden Ohrhälften mit einer feinen, vorne gebogenen

Pinzetten auseinander gerissen und mit der dem Mauskörper zugewandten Seite auf einen Tropfen 3,8 %-ige Ammoniumthiocyanatlösung in einer Petrischale gelegt. Die Inkubation erfolgte für 25 min bei 37 °C im Brutschrank. Die Ohrhälften wurden auf einen frischen Tropfen PBS überführt und mit Hilfe einer Pinzette wurde die Epidermis vorsichtig abgelöst. Anschließend erfolgte die Überführung der Epidermis mit der dem Mäusekörper abgewandten Seite nach unten auf einen Tropfen eiskaltes Aceton auf einen Objektträger. Sie wurde für 15 min bei 4 °C fixiert. Der nächste und alle folgenden Waschschritte erfolgten durch die Zugabe eines Tropfen PBS / 0,05 % Tween 20, der nach 5 min Einwirkzeit wieder abgenommen wurde. Vor der Färbung wurde das *sheet* mit einem Fettstift umkreist. Alle Färbeschritte erfolgten bei Raumtemperatur in einer Feuchtkammer. Nach 20 min Inkubation in Blockpuffer (PBS / 0,05 % BSA) und erneutem Waschen wurden die *epidermal sheets* mit dem Alexa–Fluor–488–konjugierten anti–Langerin Antikörper (1:100) und DAPI (1:1000) in einem Volumen von 100 µl Blockpuffer für 30 min inkubiert. Vor der mikroskopischen Analyse wurden die *sheets* in Permafluor eingebettet, das über Nacht bei 4 °C aushärtete.

2.2.2 Tierversuche

Für alle Tierversuche wurden weibliche, sechs bis acht Wochen alte Mäuse verwendet.

2.2.2.1 Behandlung von Mäusen mit DT

Für die Depletion von Langerin$^+$ Zellen in Lang–DTR–Mäusen und für die Überprüfung DT–induzierter Nebeneffekte in C57BL/6–Mäusen wurde den Versuchstiere 1 µg DT in einem Volumen von 100 µl PBS intraperitoneal injiziert. Dazu wurde die DT–Stammlösung im Verhältnis 1:1 mit PBS verdünnt. Für die jeweiligen DT–Behandlungsprotokolle sei auf die entsprechenden Figuren und Textstellen im Ergebnisteil verwiesen.

2.2.2.2 Infektion, Messung der Schwellung und DTH–Reaktion

Promastigote *Leishmanien* in der stationären Wachstumsphase wurden aus den Blutagarplatten entnommen und dreimal mit 10 ml sterilem PBS gewaschen (Zentrifugation bei 3000 g und 4 °C für 10 min). Anschließend wurde eine 1:10–Verdünnung der Parasiten in Paraformaldehyd–Lösung in einer Neubauer Zählkammer (20 µm Tiefe, Kammerfaktor 5 x 10^4) ausgezählt. Zur Infektion von Mäusen wurden 3 x 10^6 *(high dose*–Modell) oder 3 x 10^3 *(low dose*–Modell) *L. major*–Parasiten in 50 µl Volumen in die rechte Hinterpfote subkutan injiziert. Durch die wöchentliche Messung des Durchmessers beider Hinterpfoten wurde der Infektionsverlauf anhand der Zunahme des Pfotendurchmessers verfolgt. Dabei wurde die prozentuale Zunahme des Durchmessers der infizierten rechten Pfote gegenüber der linken naiven Pfote in Prozent angegeben.

Um die Gedächtnis–T–Zell–Antwort zu untersuchen, wurden drei Wochen nach dem Abheilen der Primärinfektion 3 x 10^6 *(high dose*–Modell) oder 3 x 10^3 *(low dose*–Modell) *L. major*–Parasiten in 50 µl Volumen in die linke Hinterpfote subkutan injiziert und der Infektionsverlauf, wie oben beschrieben, dokumentiert. Eine weitere Möglichkeit die Gedächtnis–T–Zell–Antwort zu untersuchen, besteht in der DTH–Reaktion *(delayed type hypersensitivity reaction)*. Mäuse, die mit 3 x 10^6 *L. major*–Parasiten in die rechte Pfote infiziert wurden, erhielten an Tag 15 nach Infektion eine Injektion von 20 µl L–Ag (das lösliche Äquivalent von 1 x 10^7 *L. major*–Parasiten) in die linke Pfote. Im Abstand von 24 Stunden wurde die Pfotenschwellung gemessen und als prozentualer Anstieg gegenüber einer 2 mm dicken Pfote, was dem Durchschnittswert einer naiven Pfote entspricht, dargestellt.

2.2.2.3 *In vivo*–Proliferationstest OVA–spezifischer T–Zellen

$CD8^+$ T–Zellen aus den Milzen von OT–I–Mäusen und $CD4^+$ T–Zellen aus den Milzen von OT–II–Mäusen wurden über magnetische Zellseparation angereichert und im Verhältnis 1:1 gemischt. Nach der CFSE–Markierung der T–Zellen wurden sie in einem Volumen von 200 µl PBS intravenös in Lang–DTR–Mäuse injiziert. 24 Stunden später wurden die Mäuse mit Ovalbumin–Protein (OVA) immunisiert. Dazu wurden 500 µl der OVA–Stammlösung und 500 µl inkomplettes Freunds Adjuvans (IFA) in zwei getrennten Hamilton–Mikroliterspritzen aufgezogen, die anschließend über einen Konnektor verbunden wurden. Die beiden Lösungen wurden solange miteinander vermischt, bis eine feste Emulsion entstanden war. Anschließend wurden je 20 µl des Gemisches, die 100 µg OVA–Protein enthielten, subkutan in die Pfoten der Tiere injiziert. Nach drei Tagen wurden die poplitealen Lymphknoten isoliert und die Zellen durchflusszytometrisch analysiert.

2.2.2.4 *In vivo*–Proliferationsnachweis während der *L. major*–Infektion

In dieser Arbeit wurde die Proliferation von T–Zellen *in vivo* untersucht. Dieses Verfahren beruht auf dem Einbau von BrdU in die DNS sich teilender Zellen, die dann durchflusszytometrisch nachgewiesen werden können. Zu diesem Zweck erhielten Lang–DTR–Mäusen, die mit 3×10^3 *L. major*–Parasiten infiziert wurden, jeweils 3 Tage vor dem Analysezeitpunkt mit BrdU angereichertes Trinkwasser, dem zusätzlich Glucose beigemischt war.

2.2.3 Molekularbiologische Methoden

2.2.3.1 DNS–Gewinnung aus Gewebeproben

Die Bestimmung der Parasitendichte von *L. major*–infizierten Gewebeproben erfolgte in dieser Arbeit mit Hilfe von RT–PCR–Analysen. Dazu musste zunächst DNS aus infizierten Pfoten und Lymphknoten gewonnen werden.

Die abgeschnittenen Pfoten wurden mit Scheren zerkleinert und in ein 1,5 ml Reaktionsgefäß überführt, das 1 ml Cell Lysis Solution enthielt. Die Lymphknoten wurden durch ein Zellsieb (70 µm) in ein 50 ml Röhrchen gerieben und 10 min bei 400 g und 4 °C zentrifugiert. Das Pellet wurde in 1 ml PBS aufgenommen, in ein 1,5 ml Reaktionsgefäß überführt und erneut 10 min bei 400 g und 4 °C zentrifugiert. Anschließend wurde zu den Lymphknotenzellen 1 ml Cell Lysis Solution gegeben. Allen Proben wurde 1 µl Proteinase K zugegeben und die Ansätze inkubierten bei 55 °C über Nacht im Thermoschüttler mit 1200 rpm.

Am nächsten Tag wurden die Proben zunächst 5 min auf Eis gestellt, bevor 230 µl Protein Precipitation Solution hinzupipettiert wurden. Nach dem Durchmischen und weiteren 5 min auf Eis wurden die Proben 5 min bei 400 g zentrifugiert. In der Zwischenzeit wurden 600 µl Isopropanol und 2 µl Glycogen in 2 ml Reaktionsgefäßen vorgelegt, zu denen der Überstand der Proben dekantiert wurde. Es schloss sich ein weiterer Zentrifugationsschritt an, an dessen Ende der Überstand verworfen und 700 µl 70 % Ethanol zum Pellet pipettiert wurden. Nach einem erneuten Zentrifugationsschritt wurde der Überstand vorsichtig abpipettiert und das Pellet bei 37 °C im Heizblock getrocknet. Schließlich wurden 200 µl Hydration Solution zugefügt. Anschließend wurde die DNS–Konzentration der Proben über die OD bei 260 nm im Photometer bestimmt und mit Ampuva–Wasser auf 500 pg DNS / µl eingestellt.

2.2.3.2 RT–PCR zur Parasitendichtebestimmung

Um die Parasitenlast der infizierten Gewebe zu untersuchen wurden zwei separate RT–PCR–Analysen durchgeführt. Die Reaktion im Light Cycler diente dem Nachweis der *Leishmania*–18S rRNA und die im Taqman wurde für die Quantifizierung von Maus–β–Aktin durchgeführt. Die gemessenen Kopienzahlen wurden miteinander ins Verhältnis gesetzt und als relative Parasitendichte dargestellt.

Ansatz für die Light Cycler–PCR

2,4 µl Ampuva–Wasser
2,0 µl 10 x PCR Puffer
2,8 µl $MgCl_2$ 25 mM
1,6 µl dNTP`s 2,5 mM
0,5 µl BSA 1 mg / ml
0,7 µl ISS1   10 µM
1,0 µl ISRV 10 µM
0,4 µl Dif 1c 10 µM
0,4 µl Dif 3   10 µM
0,2 µl Amplitaq Gold Polymerase ATG
+ 8,0 µl DNS–Lösung

Diese PCR wurde in Glaskapillaren angesetzt, die sich währenddessen in einem gekühlten Ständer befanden. Vor der Messung wurden die Kapillaren mit Deckeln verschlossen und bei 300 g 1 min zentrifugiert.

Programm für die Light Cycler–PCR

Nach einem initialen Denaturierungsschritt für 15 min bei 95 °C folgten 45 Zyklen aus Denaturierung für 15 Sekunden bei 95 °C, Anlagerung der Primer für 30 Sekunden bei 60 °C und Elongation für 30 Sekunden bei 72 °C. Abschließend erfolgte die Bestimmung des Schmelzpunktes. Die DNS–Doppelstränge wurden hierfür zunächst für 20 Sekunden bei 95 °C denaturiert und spezifische bei 60 °C renaturiert. Anschließend wurde die Temperatur sukzessiv um 0,01 °C / Sekunde auf 90 °C erhöht. Zum Schluss fand ein Kühlschritt bei 40 °C für 30 Sekunden statt.

Ansatz für die Taqman–PCR
24,7 µl Ampuva–Wasser
  5 µl 10x PCR–Puffer
  6 µl Magnesiumchlorid 25 mM
  4 µl dNTPs 2,5 mM
0,6 µl DMSO
  2 µl β–Aktin–forward 10 µM
  2 µl β–Aktin–reverse 10 µM
0,5 µl Sonde für murines β–Aktin 10 µM
0,2 µl Amplitaq Gold Polymerase ATG
+ 5 µl DNS–Lösung (1:10–Verdünnung der Proben mit einer Konzentration von 500 pg DNS / µl)

Die β–Aktin–PCR wurde in einer speziell für den Taqman geeigneten Platte mit 96 Näpfen angesetzt. Neben den Proben wurde je eine 1:10–Verdünnungsreihe einer Lymphknoten– und einer Pfotenprobe mit vermessen.

Programm für die Taqman–PCR
Einer initialen Denaturierung für 15 min bei 95 °C folgten 45 Zyklen mit jeweils 20 Sekunden zur Denaturierung bei 95 °C sowie 40 Sekunden bei 58 °C zur Oligonukleotidanlagerung und Elongation.

2.2.4 Statistik

Die statistische Auswertung der Daten erfolgte mit dem Programm GraphPad Prism 4.0, wobei für die Berechnung der Signifikanzen der ungepaarte Student´s t–test durchgeführt wurde.

3 Ergebnisse

Die hier durchgeführten Arbeiten dienten der Untersuchung der Bedeutung von Langerin$^+$ DCs bei der Einleitung und dem Verlauf einer *L. major*–spezifischen Immunantwort. Dies geschah mit Hilfe von Lang–DTR–Mäusen, in denen alle Langerin$^+$ Zellen einen hochaffinen Rezeptor für *Diphtheria* Toxin (DT) exprimieren und daher durch die Injektion von DT depletiert werden können (Kissenpfennig *et al.*, 2005b). Der Ergebnisteil ist in zwei Abschnitte unterteilt, in denen die Ergebnisse von Experimenten dargestellt werden für die Lang–DTR–Mäuse mit 3×10^6 (siehe Abschnitt 3.1) bzw. 3×10^3 (siehe Abschnitt 3.2) *L. major*–Parasiten infiziert wurden.

3.1 Die Funktion von Langerin$^+$ DCs im *high dose*–Modell der *L. major*–Infektion

Für die Eindämmung einer *L. major*–Infektion ist eine T–Zell–vermittelte Immunantwort unentbehrlich (Sacks und Noben-Trauth, 2002). Ritter *et al.* zeigten, dass während einer *L. major*–Infektion Langerin$^-$ dDCs naive CD4$^+$ T–Zellen aktivieren (Ritter *et al.*, 2004b). Neben Langerin$^-$ dDCs kommen in der Haut Langerin$^+$ LCs und Langerin$^+$ dDCs vor, deren Rolle im experimentellen Modell der Leishmaniose bisher nicht bekannt ist. Es wird auch diskutiert, dass DCs, die nicht in der Haut, sondern in den Haut–drainierenden Lymphknoten lokalisiert sind, bei einer *L. major*–spezifischen Immunantwort eine wichtige Funktion haben (Iezzi *et al.*, 2006). Mit Hilfe von Lang–DTR–Mäusen, in denen sich Langerin$^+$ Zellen durch DT–Injektion depletieren lassen, wurde die Immunantwort gegen *L. major* in An– und Abwesenheit von Langerin$^+$ DCs untersucht und miteinander verglichen (Kissenpfennig *et al.*, 2005b). In diesem Teil wird zunächst erläutert, wie die DT–induzierte Depletion und mögliche Nebenwirkungen des Toxins kontrolliert wurden. Der anschließende Teil beschäftigt sich mit der Einleitung und der frühen Phase der *L. major*–spezifischen adaptiven Immunantwort. Im letzten Teil geht es um die Untersuchung klinischer Parameter der *L. major*–Infektion.

3.1.1 Der Einfluss von DT auf C57BL/6– und Lang–DTR–Mäuse

In Lang–DTR–Mäusen exprimieren alle Langerin$^+$ Zellen den hochaffinen, humanen DT–Rezeptor. Die Injektion von DT führt zur vollständigen Depletion von Langerin$^+$ Zellen in der Haut und zu einer nahezu vollständigen Depletion der Langerin$^+$ DCs in den Haut–drainierenden Lymphknoten (Bursch *et al.*, 2007). *Epidermal sheets* von Mausohren, die mit DAPI und einem anti–Langerin Antikörper gefärbt wurden, dienten der Kontrolle der DT–induzierten Zelldepletion. In Abb. 3.1 ist zu sehen, dass die Epidermis von unbehandelten Lang–DTR–Mäusen mit einem dichten Netzwerk von Langerin$^+$ LCs durchzogen ist (Abb. 3.1A), welche in DT–behandelten Tieren vollständig verschwinden (Abb. 3.1B).

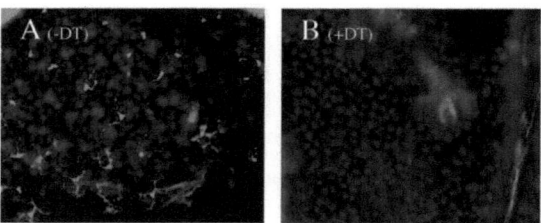

Abb. 3.1: DT–induzierte Depletion von Langerin$^+$ Zellen in Lang–DTR–Mäusen
1 µg DT wurde intraperitoneal in Lang–DTR–Mäuse injiziert. Nach vier Tagen wurden *epidermal sheets* der Ohren angefertigt und mit einem Antikörper gegen Langerin (grün) gefärbt. Die Zellkerne wurden mit DAPI (blau) dargestellt. Gezeigt ist die gefärbte Unterseite der Epidermis einer (A) unbehandelten und einer (B) DT–behandelten Lang–DTR–Maus. (Vergrößerung: 400–fach)

In dieser Arbeit sollte die *L. major*–spezifische Immunantwort in Abwesenheit von Langerin$^+$ Zellen, also in DT–behandelten Lang–DTR–Mäusen, untersucht werden. Zunächst wurden zwei Vorversuche durchgeführt, um zu überprüfen, ob DT selbst einen Einfluss auf die L. major-Infektion hat. Makrophagen sind die natürlichen Wirtszellen von L. major. Um auszuschließen, dass DT zur Aktivierung von Makrophagen führt, wurden Knochenmarksmakrophagen mit DT inkubiert. Anschließend wurde die Menge an Nitrit im Zellkulturüberstand bestimmt, das von aktivierten Makrophagen gebildet wird. Es zeigte sich, dass die Inkubation mit DT, im Gegensatz zur Stimulation mit der Positivkontrolle LPS, nicht zur Produktion von Nitrit durch Makrophagen und damit nicht zu ihrer Aktivierung führt (Abb. 3.2A). Schließlich wurden DT-behandelte und unbehandelte C57BL/6-Mäuse mit L. major-Parasiten infiziert. In beiden Gruppen zeigte sich der für resistente Mäuse übliche Infektionsverlauf, der durch einen rapiden Anstieg der Pfotenschwellung bis Tag 28 und ein anschließendes schnelles Abklingen der Schwellung gekennzeichnet ist. Da sich der Infektionsverlauf DT-behandelter C57BL/6-Mäuse nicht von dem bei unbehandelten C57BL/6-Mäusen unterscheidet, konnte ein Einfluss von DT auf die L. major-Infektion ausgeschlossen werden (Abb. 3.2B).

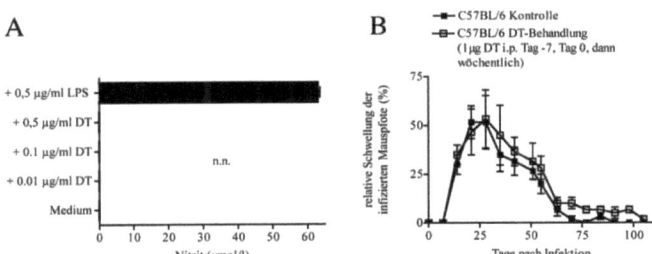

Abb. 3.2: DT verursacht keine Makrophagenaktivierung oder Veränderung einer L. major-Infektion in C57BL/6-Mäusen
(A) Makrophagen wurden aus Knochenmark von C57BL/6-Mäusen hergestellt und für 18 Stunden in Gegenwart von LPS, DT oder Medium inkubiert. Mittels Griess-Reaktion wurde die Konzentration von Nitrit im Kulturüberstand bestimmt. (B) Unbehandelte (n = 3, ■) und DT-behandelte (n = 3, □) C57BL/6-Mäuse wurden mit 3×10^6 L. major-Parasiten in die rechte Pfote infiziert. Der Infektionsverlauf wurde durch wöchentliche Messung der infizierten Pfote kontrolliert und als relative Zunahme gegenüber der nicht infizierten Pfote dargestellt. Abgebildet sind die Mittelwerte ± SEM. (n.n. = nicht nachweisbar)

3.1.2 Die *L. major*-spezifische Immunantwort in Lang–DTR–Mäusen

Während einer *L. major*–Infektion kommt es zur Induktion einer adaptiven Immunantwort im drainierenden Lymphknoten der infizierten Haut. Im Fall einer Infektion in die Pfote ist dies der popliteale Lymphknoten (Bogdan und Rollinghoff, 1998). Nach Infektion mit 3×10^6 Parasiten ist eine Schwellung des Lymphknotens bereits nach vier Tagen zu beobachten. Dies wird durch die Aktivierung und anschließende Proliferation *L. major*–spezifischer Immunzellen verursacht. An Tag 7 ist häufig bereits eine geringe Schwellung der infizierten Pfote zu beobachten, was unter anderem auf die Infiltration von Immunzellen zurückzuführen ist. Um die Einleitung und die frühe Phase der adaptiven Immunantwort in der Pfote und im drainierenden Lymphknoten zu untersuchen, wurden Tag 4 und Tag 10 als Analysetage bestimmt. Die Analyse der zellulären Zusammensetzung des Lymphknotens sollte zunächst eine Übersicht darüber geben, was nach einer *L. major*–Infektion im drainierenden Lymphknoten passiert.

3.1.2.1 Zelluläre Zusammensetzung des Lymphknotens

Zunächst sollte überprüft werden wie sich die zelluläre Zusammensetzung des Lymphknotens während der *L. major*–Infektion ändert und ob die Abwesenheit von Langerin$^+$ DCs einen Einfluss darauf hat. Dazu wurden von naiven Mäusen und an Tag 4 und Tag 10 nach Infektion Lymphknotenzellen von DT–behandelten und unbehandelten Lang–DTR–Mäusen isoliert und mit anti–CD4, anti–CD8 und anti–B220 (zum Nachweis von B–Zellen) Antikörpern gefärbt. In beiden Mausgruppen stiegen die Zahlen aller drei Lymphozytenpopulationen und damit auch die Gesamtzellzahl des Lymphknotens in vergleichbarem Ausmaß an. Im Detail stieg die Gesamtzellzahl innerhalb von zehn Tagen im Durchschnitt um das 18–fache, die Zahl der CD4$^+$ T–Zellen um das 13–fache und die der CD8$^+$ T–Zellen und B220$^+$ B–Zellen um das 15–fache an. Letzteres war überraschend, da B–Zellen bei einer effektiven Immunantwort gegen *L. major* eine untergeordnete Rolle spielen (Sacks und Noben-Trauth, 2002) (Abb. 3.3A–D).

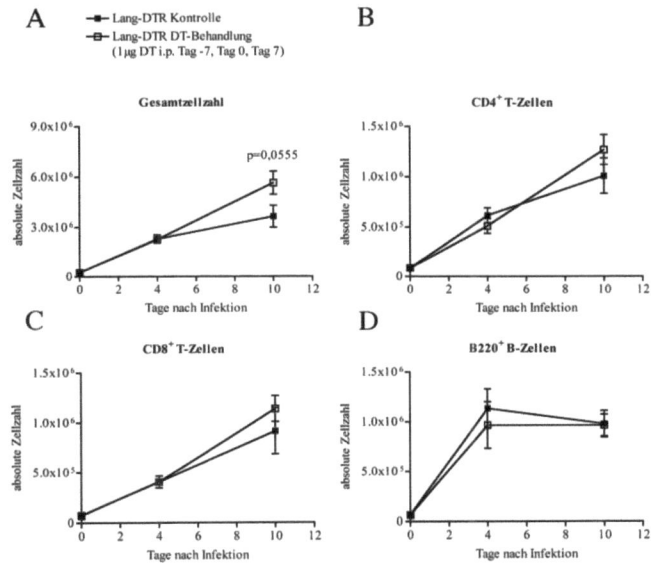

Abb. 3.3: Zelluläre Zusammensetzung des Lymphknotens unbehandelter und DT–behandelter Lang–DTR–Mäuse in der frühen Phase einer *L. major*-Infektion
Unbehandelte (■) und DT–behandelte (□) Lang–DTR–Mäuse wurden mit 3×10^6 *L. major*-Parasiten infiziert. Die drainierenden, poplitealen Lymphknoten wurden von naiven Mäusen (Tag 0) und an Tag 4 und 10 nach Infektion isoliert und ihre zelluläre Zusammensetzung untersucht. (A) Die Gesamtzellzahl wurde mit Hilfe einer Neubauer–Zählkammer lichtmikroskopisch bestimmt. (B–D) Zellen wurden mit anti–CD4, anti–CD8 und anti–B220 Antikörpern gefärbt und ihre absolute Zellzahl im Durchflusszytometer analysiert. Abgebildet sind die Mittelwerte ± SEM aus zwei unabhängigen, zusammengefassten Experimenten mit jeweils mindestens vier Mäusen pro Gruppe und Zeitpunkt.

$CD4^+$ und $CD8^+$ T–Zellen wurden weiter nach der Expressionsstärke des Oberflächenmoleküls CD62L eingeteilt und ihre Anzahl durchflusszytometrisch quantifiziert. Die Oberflächenexpressionsstärke dieses Lektins nimmt ab, wenn T–Zellen den drainierenden Lymphknoten verlassen, um zum Infektionsherd zu wandern (Hogg und Landis, 1993). Demnach handelt es sich bei Zellen, die CD62L stark exprimieren (Abb. 3.4A, B; roter Rahmen) um naive Zellen, wohingegen ein niedriges Expressionslevel (Abb. 3.4A, B; blauer Rahmen) ein Marker für aktivierte Zellen ist. Die Zellzahl aller analysierten T–Zell–Populationen stieg während des Fortschreitens der Infektion an. Es zeigte sich, dass die Zahl aktivierter (CD62L^{niedrig}) CD8$^+$ T–Zellen in DT–behandelten Mäusen an Tag 4 gegenüber den Kontrollmäusen signifikant reduziert war (81880 ± 7575 Kontrolle vs. 52940 ± 7485 DT–behandelt; p = 0,0187). An Tag 10 war diese Reduktion nicht mehr zu beobachten (Abb. 3.4F). Die Menge naiver (CD62L^{hoch}) T–Zellen sowie die Zahl aktivierter CD4$^+$ T–Zellen unterschied sich zu keinem Zeitpunkt zwischen den beiden Mausgruppen (Abb. 3.4A–E). Dies war ein erster Hinweis auf eine Funktion von Langerin$^+$ DCs bei der Aktivierung L. major–spezifischer CD8$^+$ T–Zellen. Im folgenden wurde untersucht, wie sich die Abwesenheit von Langerin$^+$ DCs auf die antigenspezifische Expandierbarkeit von Lymphozyten auswirkt.

3.1.2.2 Proliferation *in vitro*–restimulierter Lymphozyten

Um die Rolle von Langerin$^+$ DCs bei der Expansion L. major–spezifischer Lymphozyten zu untersuchen, wurden Lymphknotenzellen an Tag 4 und Tag 10 aus DT–behandelten und unbehandelten Lang–DTR–Mäusen isoliert und in einem *in vitro*–Proliferationstest eingesetzt. Zu diesem Zweck erfolgte die Markierung der Zellen mit dem Fluoreszenzfarbstoff CFSE (Ritter *et al.*, 2004b). Die Fluoreszenzintensität einer CFSE–markierten Zelle wird bei jeder Zellteilung halbiert, so dass sich durch die zusätzliche Färbung von Oberflächenmolekülen die Proliferation von T– und B–Zellen durchflusszytometrisch nachweisen lässt. In der Übersichtsabbildung 3.5 ist zu sehen, dass sowohl Zellen aus DT–behandelten als auch unbehandelten Mäusen nach Inkubation mit den polyklonalen Stimuli ConA für T–Zellen bzw. LPS für B–Zellen stark proliferierten. Wurde kein Stimulus zugesetzt (Medium) proliferierten die Zellen kaum.

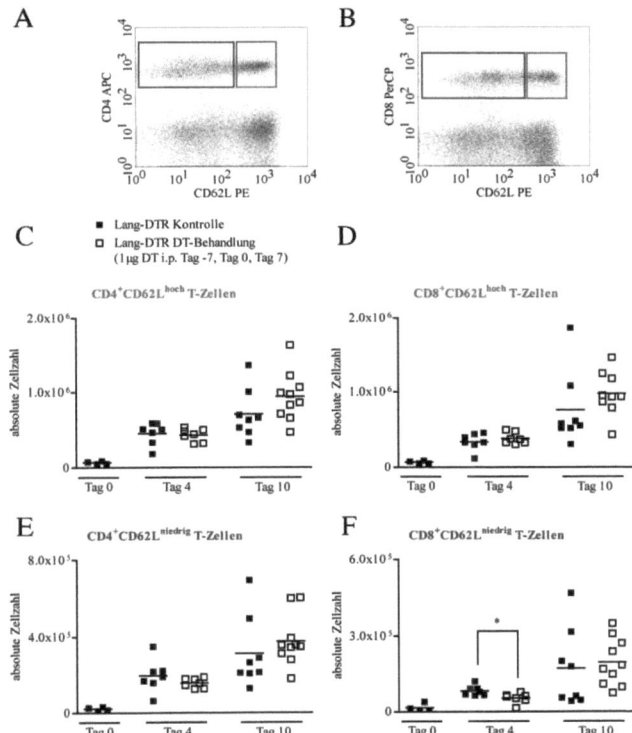

Abb. 3.4: Verminderte Anzahl aktivierter CD8$^+$ T–Zellen in den Lymphknoten DT–behandelter Lang–DTR–Mäuse an Tag 4 nach Infektion
Unbehandelte (■) und DT–behandelte (□) Lang–DTR–Mäuse wurden mit 3 x 10^6 L. major–Parasiten infiziert. Von naiven Mäusen (Tag 0) und an Tag 4 und Tag 10 nach Infektion wurden die poplitealen Lymphknotenzellen isoliert und die Anzahl von naiven und aktivierten CD4$^+$ bzw. CD8$^+$ T–Zellen bestimmt. Dazu wurden Zellen mit anti–CD4, anti–CD8 und anti–CD62L Antikörpern gefärbt und durchflusszytometrisch analysiert. Zu sehen ist die Expression von CD62L auf (A, C, E) CD4$^+$ T–Zellen bzw. (B, D, F) CD8$^+$ T–Zellen. (C, D; roter Rahmen in A, B) Während naive T–Zellen CD62L stark exprimieren, (E, F; blauer Rahmen in A, B) weisen aktivierte T–Zellen niedrige Mengen CD62L auf der Zelloberfläche auf. Dargestellt ist die Zusammenfassung von zwei unabhängigen Experimenten. Jeder Punkt repräsentiert eine individuell analysierte Maus. (*p = 0,0187)

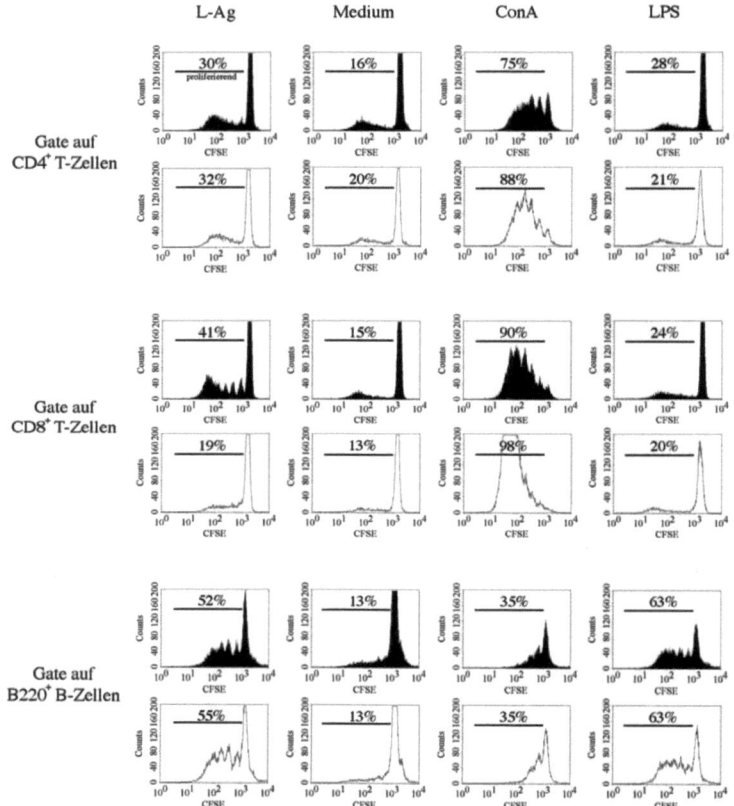

Abb. 3.5: Repräsentative Histogramme von proliferierenden T– und B–Zellen aus den Lymphknoten *L. major*–**infizierter Lang–DTR–Mäuse nach** *in vitro*–**Restimulation.** Unbehandelte Lang–DTR–Mäuse (gefüllte Histogramme) und solche, die sieben Tage vor und am Tag der Infektion mit DT behandelt wurden (offene Histogramme), wurden mit 3×10^6 *L. major*–Parasiten infiziert. An Tag 4 nach Infektion wurden die poplitealen Lymphknotenzellen isoliert und mit CFSE markiert. Jeweils 3×10^5 CFSE–gefärbte Zellen wurden mit L–Ag, Medium, ConA oder LPS restimuliert. Anschließend wurden die Zellen mit Antikörpern gegen CD4, CD8 und B220 gefärbt und durchflusszytometrisch untersucht. In den dargestellten Histogrammen sind die CFSE–Profile der verschiedenen Zellpopulationen zu sehen. Da die Fluoreszenzintensität von CFSE bei jeder Zellteilung um die Hälfte reduziert wird, konnte der Anteil proliferierender Zellen (CFSE^{niedrig}) an der jeweiligen Gesamtlymphozytenzahl bestimmt werden (siehe Zahlen in den Histogrammen). Das Ergebnis ist repräsentativ für drei unabhängige Experimente.

Um die antigenspezifische Aktivierung und Proliferation von Lymphozyten zu untersuchen, wurden die Zellen mit L–Ag inkubiert. An Tag 4 nach Infektion war die CD8$^+$ T–Zell–Proliferation bei DT–behandelten Mäusen im Gegensatz zur Kontrolle signifikant reduziert (32,8 ± 3 % Kontrolle vs. 20,2 ± 3 % DT–behandelt; p = 0,0047) (Abb. 3.6B). An Tag 10 proliferierten CD8$^+$ T–Zellen bereits weniger (21,7 ± 3 % Kontrolle vs. 15,9 ± 1 % DT–behandelt) (Abb. 3.6B). Zu späteren Zeitpunkten war der prozentuale Anteil proliferierender CD8$^+$ T–Zellen nicht höher als in der Negativkontrolle (Medium) (Daten nicht gezeigt). Die L–Ag–induzierte Proliferation von CD4$^+$ T–Zellen stieg hingegen bis Tag 28 kontinuierlich an. Dabei konnte zu keinem Zeitpunkt ein Unterschied zwischen DT–behandelten und unbehandelten Lang–DTR–Mäusen festgestellt werden (Tag 4: 24,5 ± 4 % Kontrolle vs. 18,4 ± 3 % DT–behandelt; Tag 10: 31,7 ± 4 % Kontrolle vs. 35,1 ± 2 % DT–behandelt; Daten für die späteren Zeitpunkte nicht gezeigt) (siehe Abb. 3.6A).

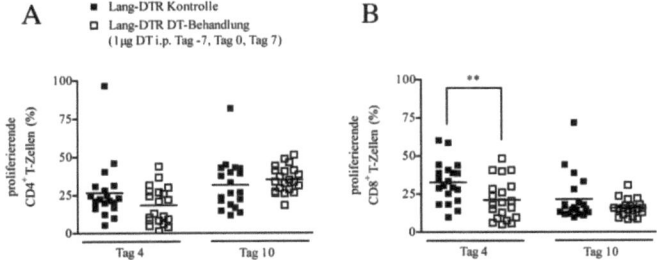

Abb. 3.6: Reduzierte *L. major*–spezifische CD8$^+$ T–Zell–Proliferation in DT–behandelten Lang–DTR–Mäusen an Tag 4 nach Infektion
Unbehandelte (■) und DT–behandelte (□) Lang–DTR–Mäuse wurden mit 3 x 10^6 *L. major*–Parasiten infiziert. An Tag 4 und Tag 10 nach Infektion wurden die poplitealen Lymphknotenzellen isoliert und mit CFSE markiert. Jeweils 3 x 10^5 CFSE–gefärbte Zellen wurden mit L–Ag restimuliert. Anschließend wurden die Zellen mit Antikörpern gegen CD4 und CD8 gefärbt und durchflusszytometrisch untersucht. (A) Dargestellt ist der Anteil proliferierender CD4$^+$ T–Zellen (CFSE^{niedrig}) an der Gesamtzahl CD4$^+$ T–Zellen bzw. (B) der Anteil proliferierender CD8$^+$ T–Zellen (CFSE^{niedrig}) an der Gesamtzahl CD8$^+$ T–Zellen. Drei unabhängige Experimente wurden zusammengefasst. Jeder Punkt repräsentiert eine individuell analysierte Maus. (**p = 0,0047)

Die reduzierte Anzahl aktivierter (CD62L^{niedrig}) CD8$^+$ T–Zellen in den Lymphknoten DT–behandelter Mäuse (Abb. 3.4F) könnte also durch die verminderte Expansion CD8$^+$ T–Zellen ausgelöst worden sein. Dagegen wird die CD4$^+$ T–Zell–Antwort durch die DT–Behandlung offenbar nicht beeinflusst. Im folgenden wurde untersucht, ob sich die verminderte CD8$^+$ T–Zell–Antwort in den Haut–drainierenden Lymphknoten auch in der Anzahl von Zellen niederschlägt, welche die infizierten Pfoten infiltrieren.

3.1.2.3 Infiltration aktivierter T–Zellen in die Pfote

Nach der Induktion der T–Zell–vermittelten adaptiven Immunantwort in den Lymphknoten *L. major*–infizierter Mäuse kommt es zur Auswanderung aktivierter *L. major*–spezifischer T–Zellen zur Infektionsstelle. Dort tragen sie durch die Produktion von Effektorzytokinen zur Beseitigung der Infektion bei (Sacks und Noben-Trauth, 2002). Die Infiltration von T–Zellen und weiterem Immunzellen verursacht unter anderem die Schwellung der Pfote, die nach Infektion mit 3 x 10^6 *L. major*–Parasiten bereits ab Tag 7 zu beobachten ist. Da alle infiltrierenden Zellen den hämatopoetischen Marker CD45 exprimieren, können sie durch Färbung mit einem anti–CD45 Antikörper von nicht–hämatopoetischen Zellen in der Pfote unterschieden werden (Abb. 3.7A, roter Rahmen). Die Gesamtzahl infiltrierender CD45$^+$ Zellen unterschied sich zu keinem Analysezeitpunkt zwischen DT–behandelten und Kontrollmäusen (Abb. 3.7B). Während in naiven Pfoten etwa 62000 CD45$^+$ Zellen detektiert werden konnten, stieg ihre Zahl bis Tag 4 im Durchschnitt um das 6–fache und bis Tag 10 um das 13–fache an (Abb. 3.7B).

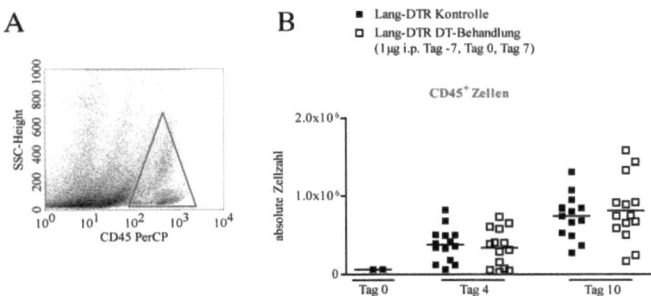

Abb. 3.7: Die DT–Behandlung hat keinen Einfluss auf die Infiltration von CD45$^+$ Zellen in die *L. major*–infizierte Pfote
Unbehandelte (■) und DT–behandelte (□) Lang–DTR–Mäuse wurden mit 3 x 10^6 *L. major*–Parasiten infiziert. Am Tag 0 (naiv) und Tag 4 und 10 nach Infektion wurde die Gesamtzahl von infiltrierenden CD45$^+$ Zellen in die infizierte Pfote durchflusszytometrisch analysiert. Dafür wurden Zellsuspensionen der infizierten Pfoten hergestellt und mit einem anti–CD45 Antikörper gefärbt. Dargestellt ist die Zusammenfassung von drei unabhängigen Experimenten. Jeder Punkt repräsentiert eine individuell analysierte Maus.

Um die Zahl aktivierter T–Zellen in den Pfoten zu analysieren, wurden Zellsuspensionen mit anti–CD45, anti–CD4, anti–CD8 und anti–CD62L Antikörpern gefärbt und durchflusszytometrisch analysiert. Die Anzahl naiver (Abb. 3.8A, B; roter Rahmen) und aktivierter (Abb. 3.8A, B; blauer Rahmen) T–Zellen nahm während der Infektion in DT–behandelten und Kontrollmäusen zu (Abb. 3.8C–F). Allein die Anzahl aktivierter (CD62L^{niedrig}) CD8$^+$ T–Zellen war an Tag 4 bei DT–behandelten Mäusen im Gegensatz zur Kontrolle signifikant reduziert (4068 ± 709 Kontrolle vs. 2390 ± 386 DT–behandelt; p = 0,0477) (Abb. 3.8F). Somit wurde gezeigt, dass an Tag 4 nach Infektion die durch DT–Behandlung ausgelöste Depletion von Langerin$^+$ DCs zu einer reduzierten Induktion *L. major*–spezifischer CD8$^+$ T–Zellen in den Lymphknoten führt (siehe Abb. 4.3F und 6.5B). Dies hat eine reduzierte Einwanderung aktivierter CD8$^+$ T–Zellen in die infizierten Pfoten zur Folge (Abb. 3.8F). Eine wichtige Frage war, ob die drei verschiedenen Langerin$^+$ DC–Subtypen, die in der Haut und den Haut–drainierenden Lymphknoten vorkommen, die *L. major*–spezifische CD8$^+$ T–Zell–Antwort auf unterschiedliche Art beeinflussen.

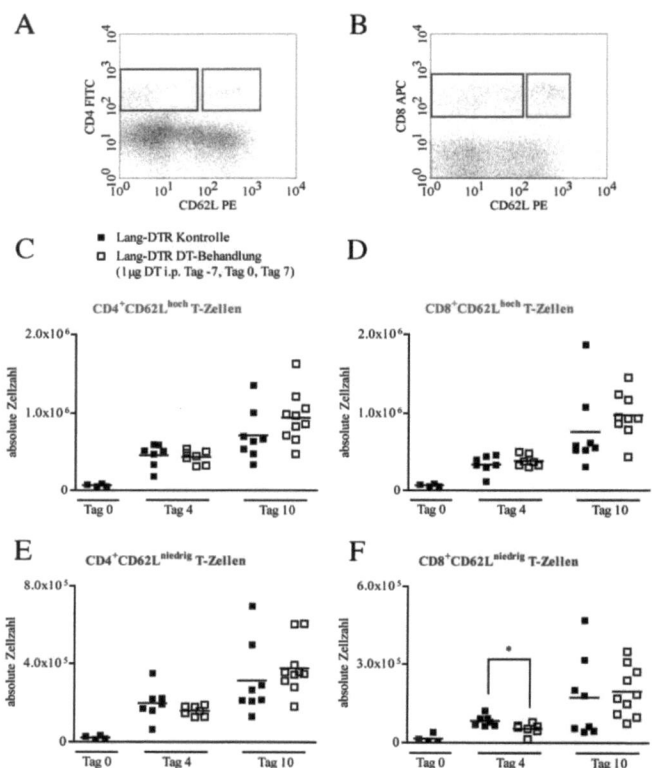

Abb. 3.8: Verminderte Anzahl aktivierter CD8⁺ T–Zellen in *L. major*–infizierten Pfoten DT–behandelter Lang–DTR–Mäuse an Tag 4 nach Infektion
Unbehandelte (■) und DT–behandelte (□) Lang–DTR–Mäuse wurden mit 3 x 10⁶ *L. major*–Parasiten infiziert. Am Tag 0 (naiv) und Tag 4 und 10 nach Infektion wurde die Zahl infiltrierender T–Zellen in die infizierte Pfote bestimmt. Dazu wurden Zellsuspensionen der infizierten Pfoten hergestellt, mit anti–CD45, anti–CD4, anti–CD8 und anti–CD62L Antikörpern gefärbt und durchflusszytometrisch analysiert. Zu sehen ist die Expression von CD62L auf (A, C, E) CD45⁺CD4⁺ T–Zellen bzw. (B, D, F) CD45⁺CD8⁺ T–Zellen. (C, D; roter Rahmen in A, B) Während naive T–Zellen CD62L stark exprimieren, (E, F; blauer Rahmen in A, B) weisen aktivierte T–Zellen niedrige Mengen auf der Zelloberfläche auf. Dargestellt ist die Zusammenfassung von drei unabhängigen Experimenten. Jeder Punkt repräsentiert eine individuell analysierte Maus. (*p = 0,0477)

3.1.2.4 Aktivierung *L. major*–spezifischer T–Zellen in der Abwesenheit von LCs

Alle LCs und Langerin$^+$ dDCs in der Haut und 70 % der *„blood–derived"* Langerin$^+$CD8α^+CD4$^-$ DCs in den Haut–drainierenden Lymphknoten verschwinden innerhalb von 24 Stunden nach DT–Injektion in Lang–DTR–Mäusen. Es wurde gezeigt, dass erste Langerin$^+$ dDCs innerhalb von vier Tagen nach DT–Behandlung in die Haut zurückkehren, LCs hingegen erst nach zwei Wochen (Poulin *et al.*, 2007). Die Wiederkehr der *„blood–derived"* Langerin$^+$CD8α^+CD4$^-$ DCs, welche in den Haut–drainierenden Lymphknoten vorkommen, erfolgt wahrscheinlich mit einer ähnlichen Kinetik, wie die der Langerin$^+$ dDCs. Die unterschiedlichen Repopulationskinetiken von LCs und den beiden anderen Langerin$^+$ DCs nach DT–Applikation ermöglichen es, den Einfluss von Langerin$^+$ DC–Subtypen separat voneinander zu untersuchen.

Zu diesem Zweck wurde der Proliferationstest mit den CFSE–gefärbten Lymphknotenzellen wiederholt (siehe Abschnitt 3.1.2.2). Allerdings beinhaltete das Experiment dieses Mal eine dritte Gruppe, in der die DT–Behandlung der Lang–DTR–Mäuse nur einmal an Tag –7 erfolgte. Während der ersten vier Tage der Infektion waren in diesen Mäusen die Populationen von Langerin$^+$ dDCs und *„blood–derived"* Langerin$^+$CD8α^+CD4$^-$ DCs nahezu vollständig aufgefüllt, aber es waren keine LCs vorhanden. Im Gegensatz dazu waren in der bisher beschriebenen DT–behandelten Gruppe in diesem Zeitraum keine Langerin$^+$ DCs in der Haut und nur 30 % der *„blood–derived"* Langerin$^+$CD8α^+CD4$^-$ DCs in den Haut–drainierenden Lymphknoten anwesend.

An Tag 4 wurden die Lymphknotenzellen isoliert, mit CFSE markiert und mit L–Ag restimuliert. Anschließend wurde der Anteil proliferierender Zellen durchflusszytometrisch bestimmt. Es zeigte sich, dass CD4$^+$ T–Zellen aus den Lymphknoten beider Gruppen DT–behandelter Lang–DTR–Mäuse in gleichem Maß proliferierten, wie die Zellen, die aus Kontrollmäusen isoliert wurden (43,8 ± 4 % Kontrolle vs. 45,0 ± 3 % DT–behandelt an Tag –7 und Tag 0 vs. 37,4 ± 4 %

DT–behandelt an Tag −7) (Abb. 3.9A). CD8⁺ T–Zellen aus Mäusen, die im Abstand von sieben Tagen DT–Injektionen erhielten, proliferierten signifikant weniger als die aus Kontrollmäusen (35,6 ± 7 % Kontrolle vs. 10,8 ± 2 % DT–behandelt an Tag −7 und Tag 0; p = 0,0031) (Abb. 3.9B; vgl. Abb. 3.6B). In den Lymphknoten–Zellsuspensionen von Lang–DTR–Mäusen, die an Tag −7 mit DT behandelt wurden und denen somit während der Infektion selektiv LCs fehlten, war der Anteil proliferierender CD8⁺ T–Zellen beinahe so hoch wie in der Kontrollgruppe (35,6 ± 7 % Kontrolle vs. 23,9 ± 5 % DT–behandelt an Tag −7) (Abb. 3.9B).

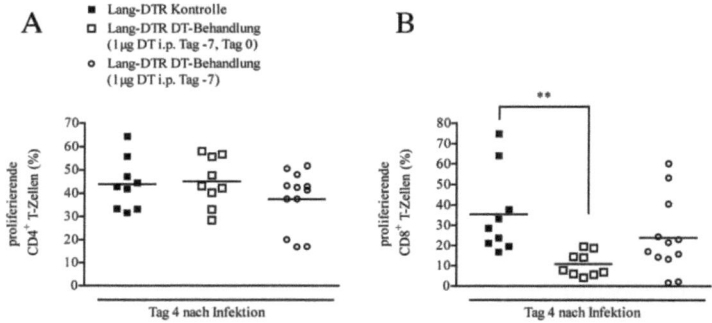

Abb. 3.9: Die einmalige DT–Behandlung von Lang–DTR–Mäusen führt nicht zu einer verringerten *L. major*–spezifischen CD8⁺ T–Zell–Proliferation
Unbehandelte (■), zweimal mit DT behandelte (□) und einmalig mit DT behandelte (O) Lang–DTR–Mäuse wurden mit 3 x 10⁶ *L. major*–Parasiten infiziert. An Tag 4 nach Infektion wurden die poplitealen Lymphknotenzellen isoliert und mit CFSE markiert. Jeweils 3 x 10⁵ CFSE–gefärbte Zellen wurden mit L–Ag restimuliert. Anschließend wurden die Zellen mit Antikörpern gegen CD4 und CD8 gefärbt und durchflusszytometrisch untersucht. (A) Dargestellt ist der Anteil proliferierender CD4⁺ T–Zellen (CFSE^{niedrig}) an der Gesamtzahl CD4⁺ T–Zellen bzw. (B) der Anteil proliferierender CD8⁺ T–Zellen (CFSE^{niedrig}) an der Gesamtzahl CD8⁺ T–Zellen. Zwei unabhängige Experimente wurden zusammengefasst. Jeder Punkt repräsentiert eine individuell analysierte Maus. (**p = 0,0031)

Dieses Ergebnis weist darauf hin, dass Langerin⁺ DCs, mit Ausnahme von LCs, bei der Induktion *L. major*–spezifischer CD8⁺ T–Zellen eine Rolle spielen. Als nächstes sollte untersucht werden, ob Langerin⁺ DCs auch bei der Immunantwort gegen andere subkutan applizierte Antigene eine Rolle bei der Aktivierung von $CD8^+$ T–Zellen spielen.

3.1.3 Ovalbumin–spezifische Immunantwort in Lang–DTR–Mäusen

In diesem Teil der Arbeit sollte der Einfluss von $Langerin^+$ DCs auf die *in vivo*–T–Zell–Proliferation nach subkutaner Applikation des Modellantigens Ovalbumin (OVA) untersucht werden. Die DT–Behandlung der Lang–DTR–Mäuse erfolgte wie schon im vorangegangenen Abschnitt so, dass es möglich war die Immunantwort in Abwesenheit mehrerer $Langerin^+$ DC–Subpopulationen (DT–behandelt an Tag –7 und Tag der OVA–Injektion) bzw. in selektiver Abwesenheit von LCs (DT–behandelt an Tag –7) zu untersuchen. Für das Experiment wurden OVA–spezifische $CD4^+$ T–Zellen aus den Milzen von OT–II–Mäusen und OVA–spezifische $CD8^+$ T–Zellen aus den Milzen von OT–I–Mäusen isoliert, im Verhältnis 1:1 gemischt und mit CFSE markiert. Etwa 1×10^7 CFSE–markierte Zellen wurden intravenös in die beiden Gruppen DT–behandelter und in unbehandelte Lang–DTR–Mäuse injiziert. Einen Tag später wurde OVA in IFA oder nur PBS subkutan in die Pfoten der Tiere gespritzt. Nach drei Tagen wurden die poplitealen Lymphknoten isoliert. Zum Nachweis OVA–spezifischer T–Zellen wurde der Vβ5.1/5.2 Antikörper verwendet, der an eine Kette der transgenen T–Zell–Rezeptoren bindet, die OVA, in MHC–I– bzw. MHC–II–Moleküle gebunden, erkennen (Bill *et al.*, 1990). Nach Färbung der Zellen mit anti–CD4, anti–CD8 und anti–Vβ5.1/5.2 Antikörpern erfolgte die durchflusszytometrische Analyse.

In allen Mausgruppen, die eine PBS– statt einer OVA–Injektion erhielten, konnten die transferierten T–Zellen nach drei Tagen als $CFSE^{hoch}$ in den poplitealen Lymphknoten identifiziert werden (Abb. 3.10A, obere Reihe). In den drei unteren Reihen der Abb. 3.10A ist zu sehen, dass $CD4^+$ und $CD8^+$ T–Zellen in Mäusen, die mit OVA immunisiert wurden, proliferierten und somit als $CFSE^{niedrig}$ nachgewiesen werden konnten. Die statistische Analyse zeigt, dass die Proliferation OVA–spezifischer CD8$^+$ T–Zellen in Lang–DTR–Mäusen, die zweimal mit DT behandelt wurden, signifikant reduziert war (96,7 ± 0 % Kontrolle vs. 92,1 ± 1 % DT–behandelt an Tag –7 und am Tag der OVA–Injektion; p < 0,0001) (Abb. 3.10C). Diese Reduktion war in den einmal mit DT behandelten Mäusen nicht zu sehen (96,7 ± 0 % Kontrolle vs. 96,6 ± 0 % DT–behandelt an Tag –7; p = 0,0006) (Abb. 3.10C). Die *in vivo*–Proliferation OVA–spezifischer CD4$^+$ T–Zellen unterschied sich nicht zwischen den einzelnen Gruppen (96,7 ± 0 % Kontrolle vs. 96,9 ± 0 % DT–behandelt an Tag –7 und am Tag der OVA–Injektion vs. 96,6 ± 0 % DT–behandelt an Tag –7) (Abb. 3.10B).

Somit spielen Langerin$^+$ DCs, mit Ausnahme von LCs, wahrscheinlich auch bei der Induktion einer OVA–spezifischen CD8$^+$ T–Zell–Antwort eine wichtige Rolle. Für eine CD4$^+$ T–Zell–Antwort sind Langerin$^+$ DCs weder nach einer *L. major*–Infektion noch nach der subkutanen Immunisierung mit OVA notwendig.

Nachdem die zellulären Grundlagen der *L. major*–Infektion in An– und Abwesenheit von Langerin$^+$ DCs analysiert wurden, sollte als nächstes eine wichtige Effektorfunktion der dabei aktivierten Immunzellen untersucht werden: die Zytokinpoduktion.

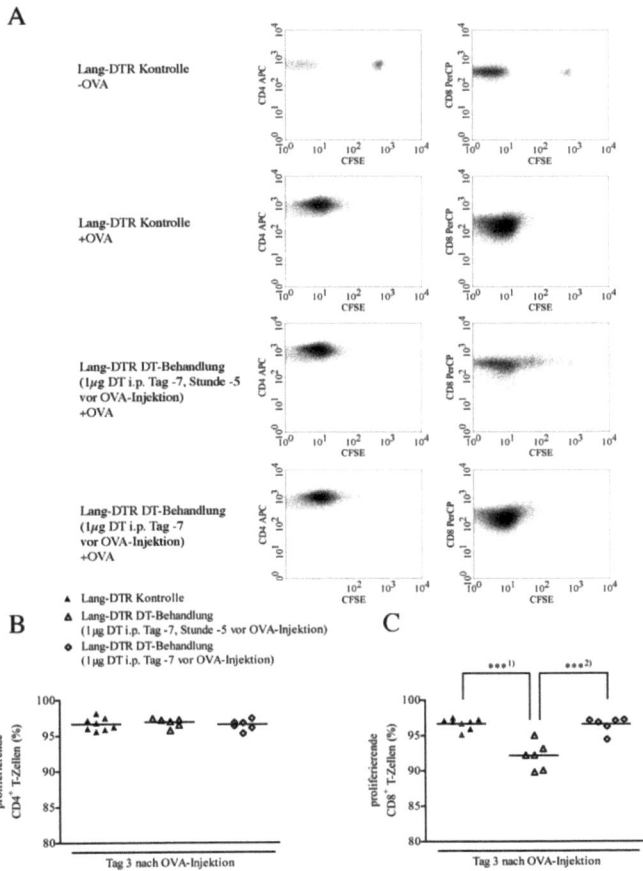

Abb. 3.10: *In vivo*–Proliferation OVA–spezifischer T–Zellen in Lang–DTR–Mäusen nach subkutaner Applikation des Antigens
OVA–spezifische $CD8^+$ T–Zellen aus den Milzen von OT–I–Mäusen und OVA–spezifische $CD4^+$ T–Zellen aus den Milzen von OT–II–Mäusen wurden über MACS–Separation angereichert, im Verhältnis 1:1 gemischt und mit CFSE gefärbt. Anschließend wurden je 1×10^7 $CFSE^+$ T–Zellen intravenös in Lang–DTR–Mäuse injiziert, die zweimal ($\triangle$) oder einmal ($\Diamond$) mit DT behandelt worden waren oder unbehandelt geblieben sind ($\blacktriangle$). 24 Stunden später wurde OVA–Protein in IFA in die Pfoten dieser Mäuse injiziert. Nach drei Tagen wurden die poplitealen Lymphknotenzellen isoliert, mit Antikörpern gegen CD4, CD8 und Vβ 5.1/5.2 gefärbt und durchflusszytometrisch untersucht. (A) In den repräsentativen Dotplots sind ausschließlich Vβ5.1/5.2$^+$ Zellen zu sehen. Die Plots zeigen die CFSE–Profile von OVA–spezifischen $CD4^+$ und $CD8^+$ T–Zellen. In der oberen Reihe ist die Kontrolle dargestellt, für die Lang–DTR–Mäuse PBS in die Pfote injiziert bekamen. Die statistische Analyse zeigt (B) den Anteil proliferierender $CD4^+$ T–Zellen ($CFSE^{niedrig}$) an der Gesamtzahl OVA–spezifischer $CD4^+$ T–Zellen bzw. (C) den Anteil proliferierender $CD8^+$ T–Zellen ($CFSE^{niedrig}$) an der Gesamtzahl OVA–spezifischer $CD8^+$ T–Zellen. Zwei unabhängige Experimente wurden zusammengefasst. Jeder Punkt repräsentiert eine individuell analysierte Maus. (***[1]$p < 0{,}0001$; ***[2]$p = 0{,}0006$)

3.1.4 *L. major*–spezifische Zytokinproduktion in Lang–DTR–Mäusen

Viele Immunzellen üben ihre Funktion durch die Sekretion löslicher Faktoren aus. Auch während einer *L. major*–Infektion spielen Zytokine eine entscheidende Rolle bei der Eliminierung der Parasiten. In diesem Teil geht es um die Produktion von IFN–γ und IL–10 während der *L. major*–Infektion und darum, ob Langerin$^+$ DCs einen Einfluss darauf haben. IFN–γ ist ein wichtiges T–Zell–Effektorzytokin. Während einer *L. major*–Infektion sind IFN–γ–produzierende $CD4^+$ Th1–Zellen für die Eindämmung der Infektion unerlässlich. Das produzierte IFN–γ führt zur Aktivierung infizierter Makrophagen, so dass diese in die Lage versetzt werden die intrazellulären Parasiten abzutöten (Sacks und Noben-Trauth, 2002). Anders als IFN–γ, spielt IL–10 vor allem bei der Regulation der *L. major*–spezifischen adaptiven Immunantwort eine wichtige Rolle (Belkaid *et al.*, 2002a). Zuerst erfolgte der Nachweis dieser beiden Zytokine in den Zellkulturüberständen von Gesamt–Lymphknotenzellen mittels ELISA. Anschließend wurde durch intrazelluläre Zytokinfärbung bestimmt, in welchem Maß die einzelnen T–Zell–Subpopulationen an der Produktion von IFN–γ und IL–10 beteiligt sind.

3.1.4.1 Zytokinsekretion durch Gesamt–Lymphknotenzellen

Um die Zytokinproduktion von Lymphknotenzellen zu analysieren, wurden die Zellkulturüberstände der in Abschnitt 3.1.2.2 beschriebenen Proliferationstests gesammelt und die Menge an freigesetztem IFN–γ und IL–10 gemessen. Für diesen Proliferationstest wurden Lymphknotenzellen an Tag 4 und Tag 10 aus DT–behandelten und Kontrollmäusen isoliert und antigenspezifisch in Gegenwart von L–Ag restimuliert.

Es zeigte sich, dass die Zellen aus beiden Mausgruppen zu jedem analysierten Zeitpunkt vergleichbare Mengen an IFN–γ und IL–10 produzierten (Abb. 3.11). Die IFN–γ–Sekretion war zu Beginn der Infektion noch gering, nahm jedoch im Verlauf bis Tag 28 kontinuierlich zu (Tag 4: 1173 ± 336 pg / ml Kontrolle vs. 1020 ± 372 pg / ml DT–Behandlung; Tag 10: 9362 ± 1536 pg / ml Kontrolle vs. 11570 ± 1233 pg / ml DT–Behandlung, Daten für die späten Zeitpunkte nicht gezeigt) (Abb. 3.11A). IL–10 wurde vor allem während der frühen Phase der Infektion produziert (Tag 4: 528 ± 169 pg / ml Kontrolle vs. 628 ± 192 pg / ml DT–Behandlung; Tag 10: 377 ± 125 pg / ml Kontrolle vs. 395 ± 139 pg / ml DT–Behandlung) (Abb. 3.11B). Zu späteren Zeitpunkten war IL–10 kaum noch nachweisbar (Daten nicht gezeigt). Auch die Produktion von IL–12p40 und IL–4 wurde untersucht, allerdings lagen die Mengen beider Zytokine nur knapp oberhalb der Nachweisgrenze. Auch hier waren keine Unterschiede zwischen DT–behandelten und unbehandelten Lang–DTRMäusen zu beobachten (Daten nicht gezeigt).

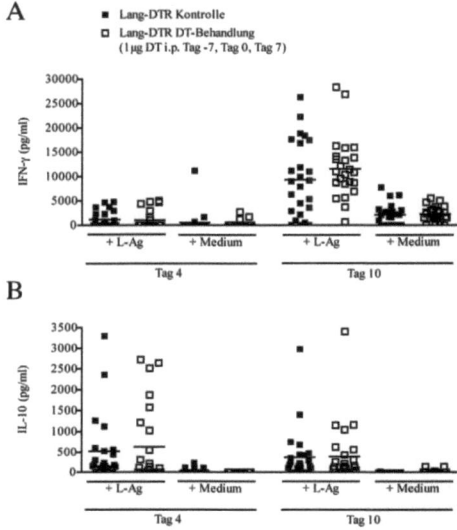

Abb. 3.11: Vergleichbare Zytokinsekretion von Lymphknotenzellen aus unbehandelten und DT-behandelten Lang-DTR-Mäusen nach *in vitro*-Restimulation mit L-Ag
Unbehandelte (■) und DT-behandelte (□) Lang-DTR-Mäuse wurden mit 3×10^6 *L. major*-Parasiten infiziert. An Tag 4 und Tag 10 nach Infektion wurden die poplitealen Lymphknotenzellen isoliert. Jeweils 3×10^5 Zellen wurden mit L-Ag oder Medium restimuliert. Die Zellkulturüberstände wurden gesammelt und mittels ELISA auf die Menge an freigesetztem (A) IFN–γ und (B) IL–10 hin untersucht. Drei unabhängige Experimente wurden zusammengefasst. Jeder Punkt repräsentiert eine individuell analysierte Maus.

3.1.4.2 Produktion von IFN–γ und IL–10 durch T–Zell–Subtypen

Es ist wichtig zu untersuchen, welche Zellen an der Produktion eines bestimmten Zytokins beteiligt sind. Zu diesem Zweck erfolgten in dieser Arbeit intrazelluläre Zytokinfärbungen. An Tag 4 und Tag 10 nach Infektion mit *L. major*-Parasiten wurden Zellen aus den drainierenden Lymphknoten von DT-behandelten und unbehandelten Lang–DTR–Mäusen isoliert und mit PMA und Ionomycin in Gegenwart von Golgi–Stop restimuliert. Nach vier Stunden wurden die Zellen mit anti–CD4 und anti–CD8 Antikörpern extrazellulär und mit anti–IFN–γ oder anti–IL–10 Antikörpern intrazellulär gefärbt und im Durchflusszytometer analysiert.

Es zeigte sich, dass ein größerer Anteil CD8$^+$ T–Zellen als CD4$^+$ T–Zellen positiv für IFN–γ war. So waren an Tag 4 durchschnittlich 13 % aller CD8$^+$ T–Zellen positiv für IFN–γ, an Tag 10 sogar 20 % (Abb. 3.12F). Hingegen wurde IFN–γ an Tag 4 in etwa 2 % und an Tag 10 in etwa 5 % der CD4$^+$ T–Zellen nachgewiesen (Abb. 3.12E). Die IL–10–Produktion war nahezu auf CD4$^+$ T–Zellen beschränkt. An Tag 4 waren durchschnittlich 0,2 % aller CD4$^+$ T–Zellen positiv für IL–10 und an Tag 10 etwa 0,8 % (Abb. 3.12G). Eine Produktion von IL–10 durch CD8$^+$ T–Zellen wurde zu keinem Zeitpunkt beobachtet (Abb. 3.12D, H). Im Übrigen trafen alle Beobachtungen für DT–behandelte und Kontrollmäuse gleichermaßen zu.

Bei der gleichzeitigen Färbung von IFN–γ, IL–10 und CD4 fiel auf, dass ein bedeutender Anteil CD4$^+$ T–Zellen gleichzeitig IFN–γ und IL–10 produzierte (Abb. 3.13A, roter Rahmen). Es ist bekannt, dass bei der Infektion mit bestimmten *L. major*–Stämmen solche "selbst-kontrollierenden" Th1–Zellen wichtig für die Regulation der adaptiven Immunantwort sind (Anderson *et al.*, 2007).

An Tag 10 nach Infektion war in DT–behandelten Lang–DTR–Mäusen der Anteil IFN–γ/IL–10–doppelt–positiver Zellen an der Gesamtzahl der CD4$^+$ T–Zellen im Vergleich zu Kontrollmäusen signifikant reduziert (0,8 ± 0,1 % Kontrolle vs. 0,4 ± 0,1 % DT–Behandlung; p = 0,0003) (Abb. 3.13B). Demzufolge könnten LCs für die Aktivierung dieser besonderen "selbst-kontrollierenden" Th1–Zellen wichtig sein. Dieser Schluss ergibt sich daraus, dass bei dem angewendeten DT–Behandlungsprotokoll zwischen Tag 4 und Tag 7 der Infektion Langerin$^+$ dDCs und mehr als 30 % der „*blood–derived*" Langerin$^+$CD8α$^+$CD4$^-$ DCs in den Mäusen vorhanden waren, aber LCs während der gesamten zehn Tage fehlten.

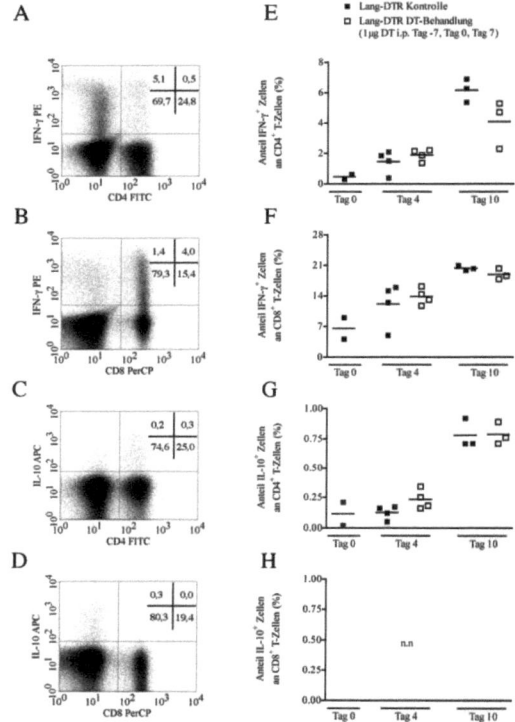

Abb. 3.12: Die Anteile Zytokin–produzierender T–Zellen in den Lymphknoten von L. major–infizierten Lang–DTR–Mäusen werden nicht durch die DT–Behandlung beeinflusst

Unbehandelte (■) und DT–behandelte (□) Lang–DTR–Mäuse wurden mit 3×10^6 L. major–Parasiten infiziert. An Tag 0 (naiv), Tag 4 und Tag 10 nach Infektion wurden die poplitealen Lymphknotenzellen isoliert und vier Stunden mit PMA und Ionomycin in Gegenwart von Golgi–Stop restimuliert. Zytokin–produzierende T–Zellen wurden durchflusszytometrisch nachgewiesen. Dazu wurden die Zellen mit anti–CD4 und anti–CD8 Antikörpern extrazellulär und mit anti–IFN–γ und anti–IL–10 Antikörpern intrazellulär gefärbt. Die repräsentativen Dotplots zeigen für Tag 10 das Vorhandensein von IFN–γ in (A) $CD4^+$ und (B) $CD8^+$ T–Zellen bzw. das Vorhandensein von IL–10 in (C) $CD4^+$ und (D) $CD8^+$ T–Zellen. Die Zahlen oben rechts geben den prozentualen Anteil der Zellen in den einzelnen Quadranten an der Gesamtzellzahl an. (E–H) Die statistische Analyse zeigt den Anteil Zytokin–produzierender Zellen an der Gesamtzahl der entsprechenden T–Zell–Subpopulation. Das Ergebnis ist repräsentativ für zwei unabhängige Experimente. Jeder Punkt repräsentiert eine individuell analysierte Maus. (n.n. = nicht nachweisbar)

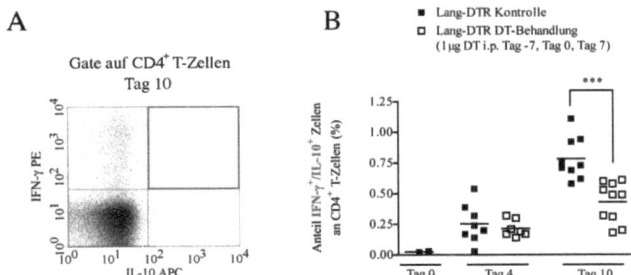

Abb. 3.13: Reduktion des prozentualen Anteils IFN–γ/IL–10–doppelt–positiver Zellen an der Gesamtmenge CD4⁺ T–Zellen in den Lymphknoten DT–behandelter Lang–DTR–Mäuse
Unbehandelte (■) und DT–behandelte (□) Lang–DTR–Mäuse wurden mit 3×10^6 L. major–Parasiten infiziert. An Tag 0 (naiv), Tag 4 und Tag 10 nach Infektion wurden die poplitealen Lymphknotenzellen isoliert und vier Stunden mit PMA und Ionomycin in Gegenwart von Golgi–Stop restimuliert. CD4⁺ T–Zellen, die gleichzeitig IFN–γ und IL–10 produzieren, wurden durchflusszytometrisch nachgewiesen. Dazu wurden Zellen mit einem anti–CD4 Antikörper extrazellulär und mit anti–IFN–γ und anti–IL–10 Antikörpern intrazellulär gefärbt. (A) Der Dotplot zeigt CD4⁺ T–Zellen. (B) Die statistische Analyse zeigt den Anteil doppelt–positiver Zellen an der Gesamtzahl CD4⁺ T–Zellen. Die Ergebnisse aus zwei Experimenten wurden zusammengefasst. Jeder Punkt repräsentiert eine individuell analysierte Maus. (***p = 0,0003)

Zusammenfassend zeigen die Zytokinstudien, dass das Fehlen von Langerin⁺ DCs keinen entscheidenden Einfluss auf die Induktion IFN–γ– und IL–10–produzierender T–Zellen hat. Allerdings gibt es Hinweise darauf, dass LCs für die Aktivierung IFN–γ/IL–10–doppelt–positiver CD4⁺ T–Zellen wichtig sind. Bisher wurde die Bedeutung von Langerin⁺ DCs bei der Einleitung und der frühe Phase der adaptiven L. major–spezifischen Immunantwort anhand der Induktion verschiedener Lymphozytenpopulationen und der Zytokinproduktion untersucht. Im nächsten Teil sollte nun der Infektionsverlauf analysiert werden.

3.1.5 Bedeutung von Langerin$^+$ DCs für den Verlauf einer *L. major*–Infektion

Bisher wurde die adaptive Immunantwort nach einer *L. major*–Infektion vor allem durch die Anwendung zellbiologischer Methoden charakterisiert. Im folgenden Abschnitt werden die Ergebnisse anderer Untersuchungen beschrieben, die dazu dienten den Infektionsverlauf, die Parasitenlast, die Gedächtnis–T–Zell–Antwort und die humorale Immunität in An– und Abwesenheit von Langerin$^+$ DCs zu analysieren. Zunächst wird jedoch auf ein Problem eingegangen, das bei Langzeitstudien in Lang–DTR–Mäusen auftaucht.

3.1.5.1 Einfluss häufiger DT–Behandlung auf C57BL/6– und Lang–DTR–Mäuse

Langerin$^+$ dDCs und „*blood–derived*" Langerin$^+$CD8α^+CD4$^-$ DCs tauchen bereits vier Tage nach einer DT–Behandlung wieder in der Dermis bzw. in den Haut–drainierenden Lymphknoten auf. Eine *L. major*–Infektion, respektive die Schwellung der infizierten Pfote, dauert bei Lang–DTR–Mäusen etwa 80 Tage an. Damit die Abwesenheit aller Langerin$^+$ Zellen während des gesamten Infektionsverlaufs gewährleistet ist, müssten Lang–DTR–Mäuse also 80 Tage lang jeden dritten Tag mit DT behandelt werden. Im rechten Bild der Abb. 3.14A ist eine Lang–DTR–Maus abgebildet, die 15 Tage lang jeden dritten Tag mit DT behandelt worden ist. Im Gegensatz zu unbehandelten Kontrollmäusen (Abb. 3.14A, linkes Bild) wiesen diese Mäuse Verschorfungen im Halsbereich auf und waren abgemagert.

Von Lang–DTR– und C57BL/6–Mäusen, die jeden dritten Tag DT injiziert bekamen, wurden Serumproben gewonnen und auf den Gehalt DT–spezifischer Antikörper hin überprüft. In beiden Gruppen wurden hohe Mengen DT–spezifischer Antikörper nachgewiesen, wobei C57BL/6–Mäuse sogar höhere Mengen aufwiesen. Dies ist wahrscheinlich darauf zurückzuführen, dass sie im Gegensatz zu

Lang–DTR–Mäusen keine resorbierenden, hochaffinen DT–Rezeptoren besitzen (Abb. 3.14B).

Eine DT–Behandlung im Abstand von drei Tagen über einen längeren Zeitraum war also ausgeschlossen. Deshalb wurden Lang–DTR–Mäuse für die im Anschluss beschriebenen Experimente jeden siebten Tag mit DT behandelt, wobei keinerlei Beschwerden auftraten und auch keine DT–spezifischen Antikörper produziert wurden (Daten nicht gezeigt). Das bedeutet aber, dass nach jeder DT–Behandlung für die Dauer von etwa drei Tagen Langerin$^+$ dDCs in der Dermis und mehr als 30 % der „blood–derived" Langerin$^+$CD8α^+CD4$^-$ DCs in den Haut–drainierenden Lymphknoten vorhanden sind. Nur LCs sind wegen ihrer langsameren Repopulationskinetik während des gesamten Analysezeitraums abwesend. Bei der Beurteilung der folgenden Ergebnisse muss dies stets bedacht werden.

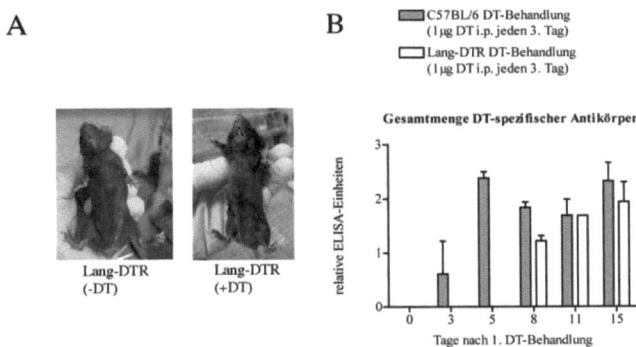

Abb. 3.14: DT–spezifische Nebenwirkungen bei C57BL/6– und Lang–DTR–Mäusen nach wiederholter DT–Behandlung im Abstand von drei Tagen
Lang–DTR– (n = 3) und C57BL/6– (n = 3) Mäuse wurden für 15 Tage jeden dritten Tag mit DT behandelt. (A) An Tag 15 wiesen DT–behandelte Lang–DTR–Mäuse (rechtes Bild) im Gegensatz zu unbehandelten Mäusen (linkes Bild) Verschorfungen im Halsbereich auf. Die Mäuse aßen und tranken nicht mehr, was zum Gewichtsverlust führte. (B) Zu den angegebenen Zeitpunkten wurde C57BL/6– (graue Balken) und Lang–DTR– (weiße Balken) Mäusen Blut entnommen. Mittels ELISA wurde die Menge DT–spezifischer Antikörper im Serum nachgewiesen. Dargestellt ist das Verhältnis der OD der Probe und eines Referenzserums einer unbehandelten Maus.

3.1.5.2 Klinische Parameter der Infektion

Zuerst sollte die Auswirkung der wöchentlichen DT–Behandlung auf den Infektionsverlauf in Lang–DTR–Mäusen untersucht werden. Zu diesem Zweck wurden die Mäuse subkutan mit 3×10^6 *L. major*–Parasiten in die rechte Pfote infiziert. Anschließend erfolgte die wöchentliche Messung der Pfotenschwellung. Innerhalb von zwei Wochen war bereits die stärkste Pfotenschwellung messbar und bis zum endgültigen Abheilen der Schwellung dauert es weitere acht bis zehn Wochen. Dabei waren die Infektionsverläufe in DT–behandelten und unbehandelten Lang–DTR–Mäusen nicht signifikant unterschiedlich (Abb. 3.15). Dies war nicht überraschend, da in vorhergehenden Experimenten bereits gezeigt wurde, dass die Induktion *L. major*–spezifischer $CD4^+$ Th1–Zellen und die Produktion von IFN–γ auch in wöchentlich mit DT behandelten Lang–DTR–Mäusen stattfindet. Allerdings konnte in allen Experimenten in DT–behandelten Lang–DTR–Mäusen während der frühen Phase der Infektion eine leicht erhöhte Pfotenschwellung nachgewiesen werden (Abb. 3.15).

Der Infektionsverlauf stimmte gut mit den Parasitenlasten überein, deren Bestimmung an den Tagen 7, 14 und 28 nach Infektion mit Hilfe von RT–PCR–Analysen erfolgte (Abb. 3.16). An Tag 14 nach Infektion war die relative Parasitendichte in den Pfoten DT–behandelter Mäuse signifikant erhöht (Abb. 3.16B). Zu allen anderen Zeitpunkten und in den Lymphknoten unterschieden sich die Parasitenlasten nicht voneinander (Abb. 3.16).

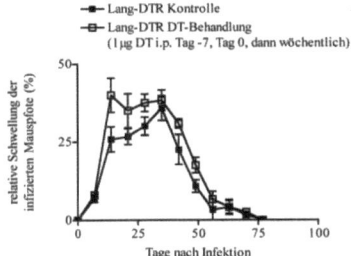

Abb. 3.15: Die wöchentliche DT–Behandlung hat keinen signifikanten Einfluss auf den Verlauf der *L. major*–Infektion in Lang–DTR–Mäusen
Unbehandelte (■) und DT–behandelte (□) Lang–DTR–Mäuse wurden mit 3 x 10^6 *L. major*–Parasiten in die rechte Pfote infiziert. Der Infektionsverlauf wurde durch wöchentliche Messung der infizierten Pfote kontrolliert und als relative Zunahme gegenüber der nicht infizierten Pfote dargestellt. Abgebildet sind die Mittelwerte ± SEM. Die Daten eines repräsentativen von sechs unabhängigen Experimenten mit mindestens drei Mäusen pro Gruppe sind dargestellt.

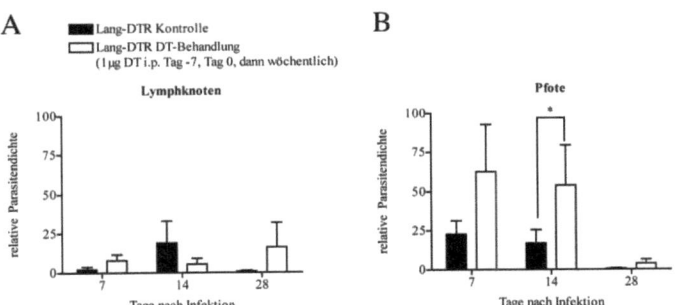

Abb. 3.16: Die DT–Behandlung führt zu einer höheren Parasitenlast in *L. major*–infizierten Pfoten an Tag 14 nach Infektion
Unbehandelte (■) und DT–behandelte (□) Lang–DTR–Mäuse wurden mit 3 x 10^6 *L. major*–Parasiten in die Pfote infiziert. An Tag 7, 14 und 28 nach Infektion wurden Zellsuspensionen aus (A) poplitealen Lymphknoten und (B) Pfoten hergestellt. Anschließend wurden die Zellen lysiert und die DNS isoliert. In zwei separaten RT–PCRs wurden die Kopienzahlen von *Leishmania*–18S rRNA und Maus–β–Aktin quantifiziert, deren Verhältnis als relative Parasitendichte dargestellt ist. Abgebildet sind die Mittelwerte ± SEM. Die Daten eines repräsentativen von drei unabhängigen Experimenten mit mindestens drei Mäusen pro Gruppe sind dargestellt. (*$p = 0{,}047$)

Um zu überprüfen, ob Langerin$^+$ DCs für die Entwicklung einer funktionellen Gedächtnis-T-Zell-Antwort wichtig sind, wurden Lang-DTR-Mäuse nach Abklingen der Primärinfektion in die linke Pfote reinfiziert. Zur Heilung der Reinfektion kam es bei DT-behandelten und Kontrollmäusen innerhalb von etwa 30 Tagen und damit erfolgte sie um einen Faktor drei schneller als im Fall der Primärinfektion (Abb. 3.16A). Eine effiziente *delayed type hypersensitivity reaction* (DTH-Reaktion) ist ebenfalls ein Zeichen für eine funktionelle Gedächtnis-T-Zell-Antwort. Auch hier zeigten beide Mausgruppen ein schnelles An- und Abschwellen der linken Pfote, in die an Tag 15 während der Primärinfektion L-Ag injiziert wurde (Abb. 3.16B). Dies bedeutet, dass *L. major*-spezifische Gedächtnis-T-Zellen in Abwesenheit von Langerin$^+$ DCs induziert werden.

Schließlich wurde der Einfluss von Langerin$^+$ DCs auf die *L. major*-spezifische humorale Immunität untersucht. Dazu wurden Seren von DT-behandelten und unbehandelten Lang-DTR-Mäusen an Tag 20 und Tag 40 nach Infektion gewonnen. Im ELISA erfolgte die Bestimmung der relativen Menge *L. major*-spezifischer Antikörper, bezogen auf ein naives Referenzserum. Weder der Gehalt an Th1-Zell-Antwort-assoziiertem IgG2c, noch an Th2-Zell-Antwort-assoziiertem IgG1 unterschied sich zwischen den beiden Gruppen (Abb. 3.17A, B).

Damit endet der Teil, der die *L. major*-spezifische Immunantwort im *high dose*-Modell zum Untersuchungsgegenstand hatte. Zusammenfassend lässt sich sagen, dass Langerin$^+$ DCs nicht für die Beseitigung der Infektion wichtig sind, was damit zu erklären ist, dass eine CD4$^+$ Th1-Zell-Antwort nicht durch die DT-Behandlung beeinflusst wird. Zusätzlich wurde gezeigt, dass Langerin$^+$ dDCs und/oder *„blood-derived"* Langerin$^+$CD8α$^+$CD4$^-$ DCs eine wichtige Rolle bei der Aktivierung *L. major*-spezifischer CD8$^+$ T-Zellen spielen. Im nächsten Teil geht es um die Immunantwort im *low dose*-Modell der *L. major*-Infektion in An- und Abwesenheit von Langerin$^+$ DCs.

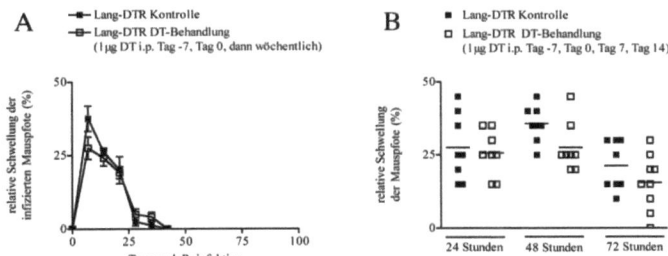

Abb. 3.17: Kein Einfluss der DT–Behandlung auf den Verlauf der *L. major*–Reinfektion und der DTH–Reaktion in Lang–DTR–Mäusen. Unbehandelte (■) und DT–behandelte (□) Lang–DTR–Mäuse wurden mit 3×10^6 *L. major*–Parasiten in die rechte Pfote infiziert. (A) 30 Tage nach Abklingen der Primärinfektion wurden die Mäuse mit 3×10^6 *L. major*–Parasiten in die linke Pfote reinfiziert. Der Verlauf der Reinfektion wurde durch wöchentliche Messung der infizierten Pfote kontrolliert und als relative Zunahme gegenüber der abgeheilten Pfote dargestellt. Abgebildet sind die Mittelwerte ± SEM. Die Daten eines repräsentativen von vier unabhängigen Experimenten mit mindestens drei Mäusen pro Gruppe sind dargestellt. (B) An Tag 15 nach Infektion wurde den Mäusen L–Ag (entsprechend der Anzahl von 2×10^7 Parasiten) in die linke Pfote injiziert. 24, 48 und 72 Stunden später wurde die Schwellung der Pfote gemessen und als relative Zunahme gegenüber einer naiven Pfote dargestellt. Die Ergebnisse aus zwei unabhängigen Experimenten wurden zusammengefasst. Jeder Punkt repräsentiert eine individuell analysierte Maus.

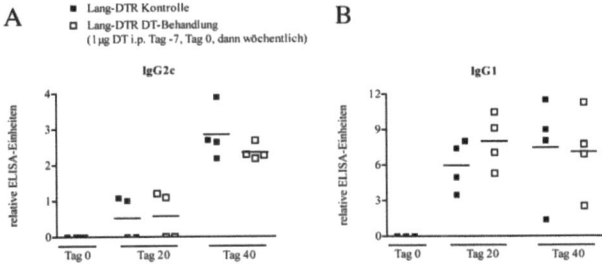

Abb. 3.18: Kein Einfluss der DT–Behandlung auf die Produktion *L. major*–spezifischer Antikörper in Lang–DTR–Mäusen. Unbehandelte (■) und DT–behandelte (□) Lang–DTR–Mäuse wurden mit 3×10^6 *L. major*–Parasiten in die rechte Pfote infiziert. An Tag 0 (naiv) und Tag 20 und Tag 40 nach Infektion wurde den Mäusen Blut entnommen. Mittels ELISA wurden *L. major*–spezifische (A) IgG2c und (B) IgG1 Antikörper nachgewiesen. Dargestellt ist das Verhältnis der OD der Probe und eines Referenzserums einer naiven Maus. Die Daten eines repräsentativen von drei unabhängigen Experimenten mit mindestens drei Mäusen pro Gruppe sind dargestellt. Jeder Punkt repräsentiert eine individuell analysierte Maus.

3.2 Die Funktion von Langerin$^+$ DCs im *low dose*-Modell der *L. major*-Infektion

Bei der natürlichen Infektion überträgt die Sandmücke etwa 100 *L. major*-Parasiten. Daher ist es außerordentlich wichtig, auch im Labor die Infektion mit geringen Parasitenzahlen zu untersuchen. Innerhalb der letzten zehn Jahre konnte gezeigt werden, dass es nach Infektion von C57BL/6–Mäusen mit einer geringen Dosis *L. major*-Parasiten (100 – 3000 Parasiten) zu einer lang andauernden *silent phase* kommt, die durch die Abwesenheit von Pathologie (Vermehrung des Parasiten) und Immunität (adaptive Immunantwort) gekennzeichnet ist (Belkaid *et al.*, 2000). Weiterhin wird vermutet, dass CD8$^+$ T–Zellen, anders als im *high dose*-Modell, für die Bekämpfung der Infektion von entscheidender Bedeutung sind, da sie eine anfängliche Th2–Zell–Antwort in Richtung Th1–Zell–Antwort lenken (Belkaid *et al.*, 2002b; Uzonna *et al.*, 2004). Gemeinsam haben *high dose*– und *low dose*–Modell unter anderem, dass für die Heilung der Infektion IFN–γ–produzierende CD4$^+$ Th1–Zellen unerlässlich sind (Belkaid *et al.*, 2000).

Das Ziel der im folgenden beschriebenen Untersuchungen war es die durch *L. major*-Parasiten des Stammes MHOM/IL/81/FE/BNI verursachte Infektion mit geringen Parasitenzahlen zum ersten Mal im Detail zu beschreiben. Insbesondere die Bedeutung von Langerin$^+$ DCs sollte untersucht werden. Nach Infektion DT–behandelter und unbehandelter Lang–DTR–Mäuse mit 3 x 10^3 *L. major*-Parasiten wurde der klinische Verlauf und die *L. major*-spezifische adaptive Immunantwort analysiert. Am Ende der beiden Teile werden die Ergebnisse jeweils in Zusammenhang mit denen aus den *high dose*–Untersuchungen gesetzt, um Gemeinsamkeiten und Unterschiede der beiden Modelle herauszuarbeiten.

3.2.1 Klinische Parameter der Infektion

Um den Infektionsverlauf im *low dose*–Modell zu untersuchen, wurden DT–behandelte und unbehandelte Lang–DTR–Mäuse mit 3×10^3 *L. major*–Parasiten subkutan in die rechte Pfote infiziert und die Pfotenschwellung wurde wöchentlich gemessen. In DT–behandelten und Kontrollmäusen konnte erst nach vier bis fünf Wochen eine Pfotenschwellung festgestellt werden, die im Anschluss für maximal sechs Wochen bestehen blieb, so dass die Infektion nach etwa 80 Tagen beseitigt war (Abb. 3.19A). Es wurden auch Versuche durchgeführt, in denen Mäuse mit 1000 oder 300 Parasiten infiziert wurden, jedoch konnte in diesen Fällen keine Pfotenschwellung gemessen werden (Daten nicht gezeigt). Daher wurden in allen folgenden Experimenten 3×10^3 *L. major*–Parasiten für die Infektion verwendet.

In Reininfektionsexperimenten zeigte sich, dass DT–behandelte und Kontrollmäuse auch nach Infektion und anschließender Reinfektion mit 3×10^3 Parasiten zu einer funktionellen Gedächtnis–Antwort in der Lage sind. So heilten die reinfizierten Pfoten innerhalb von drei bis vier Wochen vollständig ab (Abb. 3.19B).

Um die Parasitenlast der infizierten Gewebe zu untersuchen, wurden Lang–DTR–Mäuse mit 3×10^3 *L. major*–Parasiten infiziert. In wöchentlichen Abständen wurde DNS aus Lymphknoten– und Pfotenproben gewonnen, um sie via RT–PCR zu analysieren. Während der ersten vier Wochen vor und ab der achten Woche der Infektion waren keine oder nur sehr wenige Parasiten in den untersuchten Geweben nachweisbar (Daten nicht gezeigt). Nur zwischen Woche vier und sieben nach Infektion, und damit übereinstimmend mit der Anschwellungsphase, waren in den Pfoten von allen untersuchten Mäusen und in einigen Lymphknoten Parasiten detektierbar (Abb. 3.20A, B). Die Parasitenlast unterschied sich zu keinem der analysierten Zeitpunkte zwischen DT–behandelten und unbehandelten Lang–DTR–Mäusen.

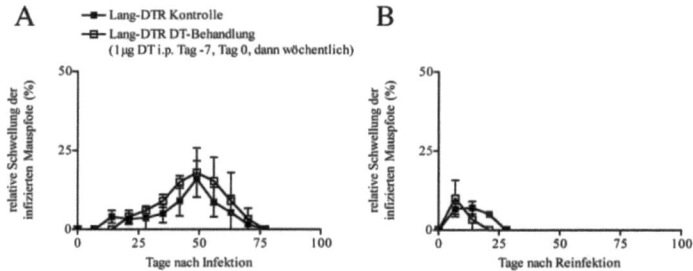

Abb. 3.19: Kein veränderter Infektionsverlauf in DT–behandelten Lang–DTR–Mäusen nach Infektion mit geringen Parasitenzahlen
Unbehandelte (■) und DT–behandelte (□) Lang–DTR–Mäuse wurden mit 3×10^3 *L. major*–Parasiten in die rechte Pfote infiziert. (A) Der Infektionsverlauf wurde durch wöchentliche Messung der infizierten Pfote kontrolliert und als relative Zunahme gegenüber der nicht infizierten Pfote dargestellt. (B) 30 Tage nach Abklingen der Primärinfektion wurden die Mäuse mit 3×10^3 *L. major*–Parasiten in die linke Pfote reinfiziert. Der Verlauf der Reinfektion wurde durch wöchentliche Messung der infizierten Pfote kontrolliert und als relative Zunahme gegenüber der abgeheilten Pfote dargestellt. Abgebildet sind die Mittelwerte ± SEM. Die Daten eines repräsentativen von zwei unabhängigen Experimenten mit mindestens drei Mäusen pro Gruppe sind dargestellt.

Zur Untersuchung der humoralen Immunantwort wurde an Tag 20 und 40 nach Infektion Blut von DT–behandelten und Kontrollmäusen abgenommen. Der Gehalt *L. major*–spezifischer Antikörper im Serum wurde mittels ELISA analysiert. In beiden Mausgruppen waren an Tag 20 kaum *L. major*–spezifische Immunglobuline detektierbar und an Tag 40 konnten nahezu ausschließlich IgG2c Antikörper, wenn auch in sehr geringen Konzentrationen, detektiert werden (Abb. 3.20C, D).

Im Vergleich mit dem *high dose*–Modell lässt sich feststellen, dass es nach Infektion mit 3×10^3 *L. major*–Parasiten zu einer deutlich verzögerten Reaktion auf die injizierten Parasiten kam, und dass alle untersuchten Parameter weit weniger ausgeprägt waren, z. B. lag die höchste Pfotenschwellung nach Infektion mit 3×10^6 Parasiten bei 35 – 50 % und damit doppelt so hoch wie die im *low dose*–Modell. Entsprechend dem leichteren Verlauf waren auch die Parasitenlasten der infizierten Gewebe um einen Faktor von etwa zehn reduziert, wenn Lang–DTR–Mäuse mit 3×10^3, statt 3×10^6 *L. major*–Parasiten infiziert wurden. Gemeinsamkeiten zwischen den Modellen bestanden unter anderem in der Gesamtdauer der Infektion und Reinfektion, die jeweils nicht länger als 80 bzw. 30 Tage war sowie darin, dass die DT–Behandlung sich nicht auf die untersuchten Parameter auswirkte. Ob und wie Langerin$^+$ DCs die adaptive Immunantwort im *low dose*–Modell beeinflussen, wurde im letzten Teil dieser Arbeit untersucht.

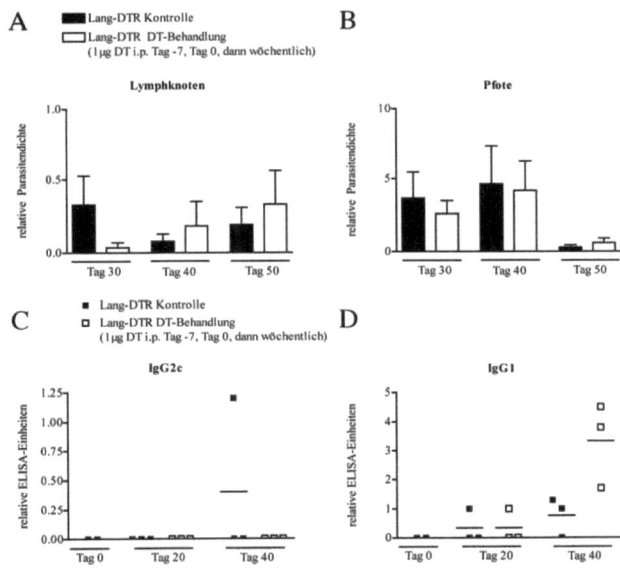

Abb. 3.20: Keine Beeinflussung der Parasitenlasten und der Produktion *L. major*–spezifischer Antiköper in DT–behandelten Lang–DTR–Mäusen nach Infektion mit geringer Parasitenzahl
Unbehandelte (■) und DT–behandelte (□) Lang–DTR–Mäuse wurden mit 3 x 10^3 *L. major*–Parasiten infiziert. (A, B) An Tag 30, 40 und 50 nach Infektion wurden Zellsuspensionen aus (A) poplitealen Lymphknoten und (B) Pfoten hergestellt. Anschließend wurden die Zellen lysiert und die DNS isoliert. In zwei separaten RT–PCRs wurden die Kopienzahlen von *Leishmania*–18S rRNA und Maus–β–Aktin quantifiziert, deren Verhältnis als relative Parasitendichte dargestellt ist. Es wurden fünf bis acht Mäuse pro Gruppe und Zeitpunkt analysiert. Abgebildet sind die Mittelwerte ± SEM. (C, D) An Tag 0 (naiv) und Tag 20 und Tag 40 nach Infektion wurde den Mäusen Blut entnommen. Mittels ELISA wurden *L. major*–spezifische (C) IgG2c und (D) IgG1 Antikörper nachgewiesen. Dargestellt ist das Verhältnis der OD der Probe und eines Referenzserums einer naiven Maus. Jeder Punkt repräsentiert eine individuell analysierte Maus.

3.2.2 Adaptive Immunantwort im *low dose*-Modell

Die Qualität der *L. major*-spezifischen T–Zell–Antwort konnte durch die Restimulierbarkeit *ex vivo*–isolierter Lymphknotenzellen im Proliferationstest nachgewiesen werden (vergleiche Abschnitt 3.1.2.2). Zu diesem Zweck erfolgte die Infektion von DT–behandelten Lang–DTR– und Kontrollmäuse mit 3×10^3 Parasiten. Anschließend wurden zu verschiedenen Zeitpunkten nach der Infektion Lymphknotenzellen isoliert, mit CFSE gefärbt und mit L–Ag restimuliert. Übereinstimmend mit dem Infektionsverlauf konnte zu den frühen Zeitpunkten keine *L. major*–spezifische T–Zell–Proliferation detektiert werden, das heißt nach L–Ag–Restimulation war der Anteil proliferierender Zellen nicht größer als in der Negativkontrolle (Medium) (Daten nicht gezeigt). Erst bei Lymphknotenzellen, die ab Tag 20 aus Lang–DTR–Mäusen isoliert wurden, konnte eine Induktion der Proliferation durch Inkubation mit L–Ag nachgewiesen werden. Die stärkste antigenspezifische Proliferation beider T–Zell–Subpopulationen war an Tag 40 nach Infektion nachweisbar ($CD4^+$ T–Zellen: $8,9 \pm 2$ % Kontrolle vs. $8,1 \pm 1$ % DT–Behandlung; $CD8^+$ T–Zellen: $7,4 \pm 1$ % Kontrolle vs. $5,9 \pm 1$ % DT–Behandlung) (Abb. 3.21A, D). Kurz darauf nahm die L–Ag–induzierte Proliferation wieder ab und an Tag 50 entsprach sie der Negativkontrolle (Medium) (Abb. 3.21A, B, D, E).

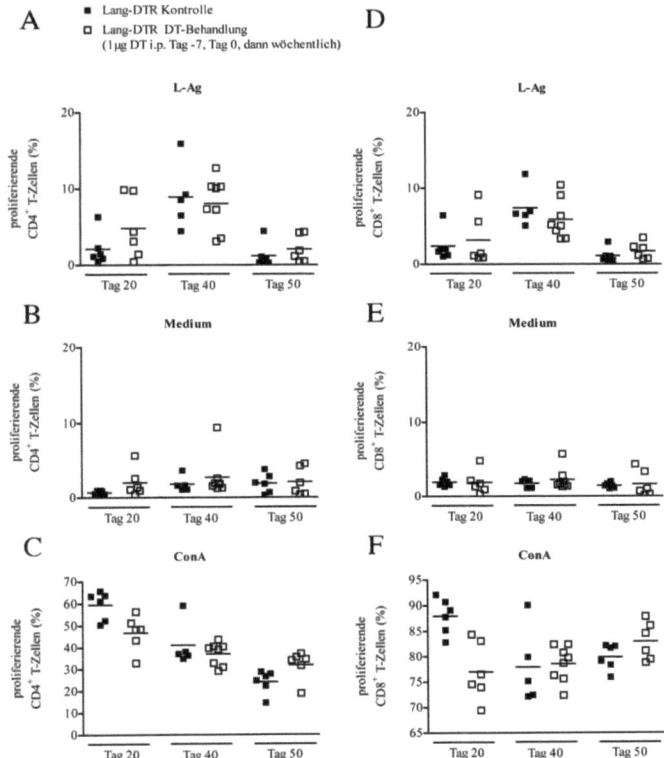

Abb. 3.21: Vergleichbare Proliferation von *in vitro*–restimulierten T–Zellen aus den Lymphknoten von DT–behandelten und unbehandelten Lang–DTR–Mäusen nach Infektion mit 3 x 10³ Parasiten
Unbehandelte (■) und DT–behandelte (□) Lang–DTR–Mäuse wurden mit 3 x 10³ *L. major*–Parasiten infiziert. An Tag 20, 30 und 40 nach Infektion wurden die poplitealen Lymphknotenzellen isoliert und mit CFSE markiert. Jeweils 3 x 10⁵ CFSE–gefärbte Zellen wurden mit (A, D) L–Ag, (B, E) Medium oder (C, F) ConA restimuliert. Anschließend wurden die Zellen mit Antikörpern gegen CD4 und CD8 gefärbt und durchflusszytometrisch untersucht. (A, B, C) Dargestellt ist der Anteil proliferierender CD4⁺ T–Zellen (CFSE^{niedrig}) an der Gesamtzahl CD4⁺ T–Zellen bzw. (D, E, F) der Anteil proliferierender CD8⁺ T–Zellen (CFSE^{niedrig}) an der Gesamtzahl CD8⁺ T–Zellen. Jeder Punkt repräsentiert eine individuell analysierte Maus.

Mit Hilfe des oben beschriebenen Proliferationstests kann keine Aussage über die T–Zell–Proliferation *in vivo* getroffen werden. Dazu wurde ein *in vivo*–Proliferationstest durchgeführt, der darauf beruht, dass von Mäusen oral aufgenommenes BrdU bei jeder Zellteilung in die DNS der Tochterzellen eingebaut wird. Durch die Färbung mit einem anti–BrdU Antikörper kann die Zellteilung durchflusszytometrisch nachgewiesen werden. Für das Experiment wurden DT–behandelte und Kontrollmäuse mit 3×10^3 *L. major*–Parasiten infiziert und jeweils drei Tage vor dem entsprechenden Analysezeitpunkt bekamen sie mit BrdU angereichertes Wasser zu trinken. An Tag 0 (naiv), 10, 20, 30, 40 und 50 nach Infektion wurden Zellsuspensionen der infizierten Pfoten und Lymphknoten hergestellt. Die Zellen wurden extrazellulär mit anti–CD4, anti–CD8 und anti–CD45 (nur im Fall der Pfoten) und intranukleär mit anti–BrdU Antikörpern gefärbt und im Durchflusszytometer analysiert. In Abb. 3.22 ist der Anteil proliferierender (BrdU$^+$) CD4$^+$ T–Zellen und CD8$^+$ T–Zellen in den infizierten Lymphknoten und Pfoten dargestellt. Es zeigte sich, dass eine moderate Vermehrung BrdU$^+$ Zellen in beiden Organen erst ab Tag 30 erfolgt. In Lymphknoten und Pfoten erreichte der Anteil proliferierender T–Zell–Subpopulationen maximal den doppelten Wert von dem, der in der Naivkontrolle gemessen wurde und war damit sehr gering. Somit bestätigten die *in vivo*–Untersuchungen die Ergebnisse des *in vitro*–Proliferationstests, in dem es auch sehr spät zu einer sehr schwachen antigenspezifischen Proliferation der T–Zellen kam (vergleiche Abb. 3.21A, D). Auch in diesen Untersuchungen wurden keine Unterschiede zwischen DT–behandelten und unbehandelten Mäusen festgestellt.

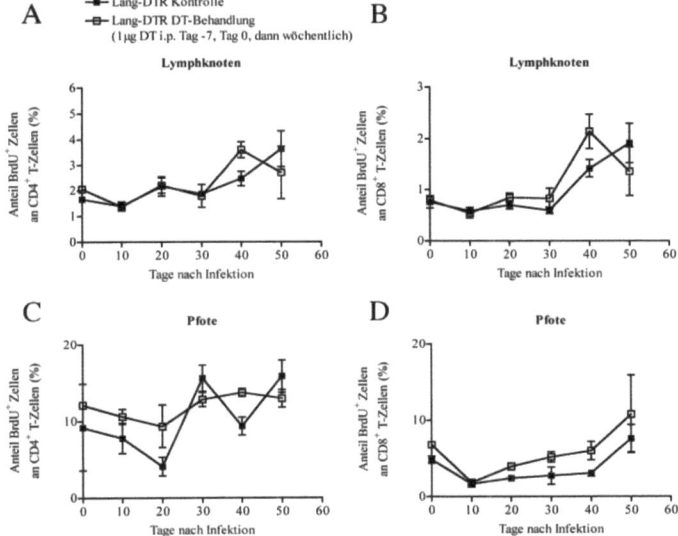

Abb. 3.22: Kein Einfluss der DT–Behandlung auf die *in vivo*–Proliferation von T–Zellen nach Infektion mit 3 x 10³ *L. major*–Parasiten. Unbehandelte (■) und DT–behandelte (□) Lang–DTR–Mäuse wurden mit 3 x 10³ *L. major*–Parasiten infiziert. Zu den angegebenen Zeitpunkten wurde die *in vivo*–Proliferation von T–Zellen durch BrdU–Einbau bestimmt. Dafür wurde den Tieren jeweils drei Tage vor Analyse BrdU ins Trinkwasser gemischt. Es wurden Zellsuspensionen der drainierenden Lymphknoten und der infizierten Pfoten hergestellt. Die Zellen wurden extrazellulär mit anti–CD4, anti–CD8 und anti–CD45 und intranukleär mit anti–BrdU Antikörpern gefärbt und im Durchflusszytometer analysiert. Dargestellt ist der Anteil (A, C) proliferierender (BrdU⁺) CD4⁺ T–Zellen an der Gesamtzahl CD4⁺ T–Zellen bzw. (B, D) proliferierender (BrdU⁺) CD8⁺ T–Zellen an der Gesamtzahl CD8⁺ T–Zellen im (A, B) drainierenden Lymphknoten oder (C, D) in den infizierten Pfoten. Es wurden drei Mäuse pro Gruppe und Zeitpunkt analysiert. Abgebildet sind die Mittelwerte ± SEM.

Weiterhin sollte im *low dose*–Modell untersucht werden wie sich die zelluläre Zusammensetzung des Infiltrats im Verlauf der Infektion entwickelt. Um die Gesamtzellzahl und die Anzahl aktivierter T–Zellen nachzuweisen, wurden Zellsuspensionen der Pfoten von DT–behandelten und Kontrollmäusen mit anti–CD45, anti–CD4, anti–CD8 und anti–CD62L Antikörpern gefärbt und durchflusszytometrisch analysiert. In beiden Mausgruppen war nur zwischen Tag 30 und 50 nach Infektion eine Zunahme von CD45⁺ Zellen in den infizierten Pfoten nachzuweisen, wobei diese an Tag 40 am höchsten war. Schon an Tag 50 verringerte sich die Anzahl der infiltrierenden Zellen wieder (Abb. 3.23A). Proportional zur Gesamtzellzahl verhielt sich die Zahl aktivierter (CD62L^{niedrig}) CD4$^+$ und CD8$^+$ T–Zellen (Abb. 3.23B, C). Noch deutlicher als im *in vitro*–Proliferationstest war bei der Infiltration zu sehen, dass die CD8$^+$ T–Zell–Antwort bei Weitem nicht so ausgeprägt ist, wie die CD4$^+$ T–Zell–Antwort. An Tag 40 waren durchschnittlich 7000 aktivierte CD4$^+$ T–Zellen, aber nur 1000 aktivierte CD8$^+$ T–Zellen in den infizierten Pfoten von DT–behandelten und unbehandelten Lang–DTR–Mäusen zu finden (Abb. 3.23B, C). Wie aufgrund der vorhergehenden Ergebnisse zu erwarten war, hatte die DT–Behandlung keinen Einfluss auf die Zusammensetzung des Infiltrats (Abb. 3.23).

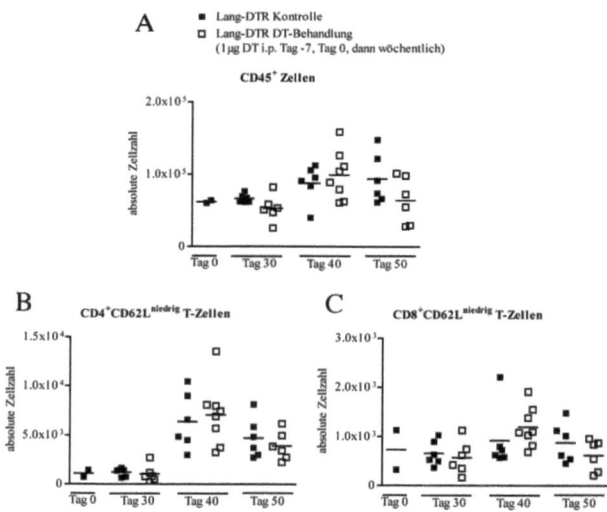

Abb. 3.23: Infiltration von Zellen in die Pfoten nach Infektion mit 3 x 10^3 *L. major*–Parasiten. Unbehandelte (■) und DT–behandelte (□) Lang-DTR–Mäuse wurden mit 3 x 10^3 *L. major*–Parasiten infiziert. Am Tag 0 (naiv) und Tag 30, 40 und 50 nach Infektion wurde die Zahl infiltrierender Zellen in den infizierten Pfoten durchflusszytometrisch analysiert. Dafür wurden Zellsuspensionen der infizierten Pfoten hergestellt und mit anti–CD45, anti–CD4, anti–CD8 und anti–CD62L Antikörpern gefärbt. (A) Dargestellt ist die Gesamtzahl (A) CD45$^+$ Zellen, (B) aktivierter CD62L^{niedrig}CD4$^+$ T–Zellen und (C) aktivierter CD62L^{niedrig}CD8$^+$ T–Zellen. Jeder Punkt repräsentiert eine individuell analysierte Maus.

Schließlich sollte auch die Zytokinproduktion infizierter Lymphknotenzellen im *low dose*–Modell untersucht werden. Dazu wurden die Zellkulturüberstände aus dem *in vitro*–Proliferationstest (siehe oben) gesammelt und mit Hilfe eines CBA–Kits analysiert. An Tag 20 konnte keine L–Ag–induzierte Produktion von Zytokinen durch Lymphknotenzellen DT–behandelter oder unbehandelter Lang–DTR–Mäuse detektiert werden (Daten nicht gezeigt). An Tag 40 nach Infektion produzierten Lymphknotenzellen aus beiden Mausgruppen relativ hohe Mengen IFN–γ, TNF und IL–10 (Abb. 3.23A, B, C). Die Sekretion von CCL–2, IL–6 und IL–12p70 wurde hingegen nicht durch die Inkubation mit L–Ag induziert (Abb. 3.23D, E, F).

Bei der Betrachtung der adaptiven Immunantwort im *low dose*–Modell lässt sich im Vergleich mit dem *high dose*–Modell feststellen, dass es zu einer deutlich verzögerten T–Zell–Antwort und Zytokinproduktion in den drainierenden Lymphknoten und folglich zu einer späten Infiltration aktivierter Effektor–T–Zellen in die infizierten Pfoten kam. Alle untersuchten Parameter waren dabei weit weniger ausgeprägt als nach der Infektion mit 3×10^6 Parasiten. Interessanterweise konnte eine starke CD8$^+$ T–Zell–Antwort, wie an Tag 4 im *high dose*–Modell, zu keinem Zeitpunkt beobachtet werden. Auch in Bezug auf die adaptive Immunantwort gab es keine Unterschiede zwischen DT–behandelten und Kontrollmäusen.

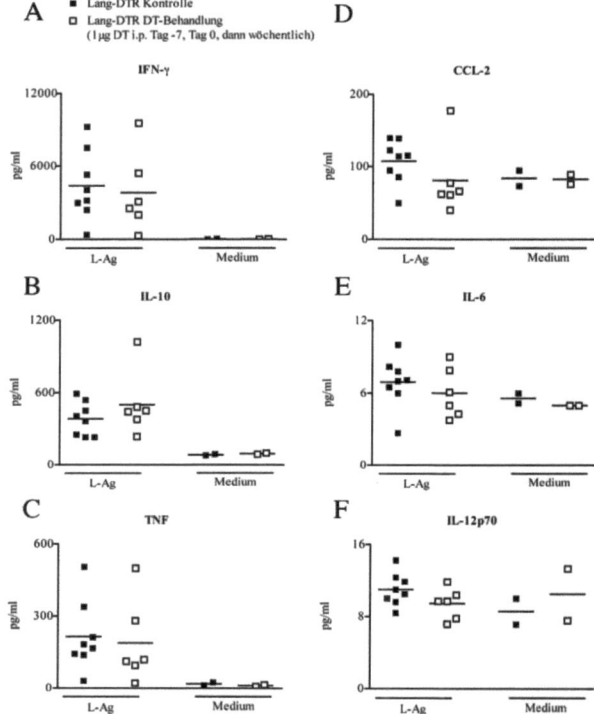

Abb. 3.24: Vergleichbare Zytokinsekretion durch *in vitro*-restimulierte Lymphknotenzellen von DT–behandelten und unbehandelten Lang–DTR–Mäusen nach Infektion mit 3×10^3 Parasiten
Unbehandelte (■) und DT–behandelte (□) Lang–DTR–Mäuse wurden mit 3×10^3 *L. major*-Parasiten infiziert. An Tag 40 nach Infektion wurden die poplitealen Lymphknotenzellen isoliert. Jeweils 3×10^5 Zellen wurden mit L–Ag oder Medium restimuliert. Anschließend wurden die Zellkulturüberstände gesammelt und die Menge an sekretiertem (A) IFN–γ, (B) IL–10, (C) TNF, (D) CCL–2, (E) IL–6 und (F) IL–12p70 wurde durchflusszytometrisch mit Hilfe des CBA–Kits bestimmt. Jeder Punkt repräsentiert eine individuell analysierte Maus.

4 Diskussion

Für die erfolgreiche Eliminierung der obligat intrazellulären *L. major*–Parasiten ist eine Th1–Zell–Antwort unerlässlich, die in den Lymphknoten induziert wird, welche die infizierte Haut drainieren (Sacks und Noben-Trauth, 2002). Hierbei nehmen DCs eine zentrale Rolle ein. Die murine Haut ist mit einem immunologischen Netzwerk ausgestattet, das verschiedene DC–Subtypen enthält. Welche Funktion diese DC–Populationen im experimentellen Modell der Leishmaniose erfüllen, ist trotz intensiver Forschung in den vergangenen Jahren nicht bekannt und wurde in dieser Arbeit mit Hilfe des Lang–DTR–Mausmodells untersucht, in welchem sich Langerin$^+$ DCs durch die Injektion von DT depletieren lassen.

4.1 DT–induzierte Zelldepletion in Lang–DTR–Mäusen

In Lang–DTR–Mäusen ist die zelluläre Expression des C–Typ–Lektins Langerin an die des hochaffinen, humanen DTR gekoppelt, über den DT in das Zytoplasma aufgenommen wird. Dort blockiert DT die Proteinbiosynthese und löst somit innerhalb kurzer Zeit den Zelltod aus (Kissenpfennig *et al.*, 2005b). In den in dieser Arbeit verwendeten Lang–DTR–Mäusen führt die Injektion von DT innerhalb von 24 – 48 Stunden zur Depletion aller Langerin$^+$ Zellen in der Haut, zu einer 97 %–igen Depletion der *„skin–derived"* DCs in den Haut–drainierenden Lymphknoten und zu einer 70 %–igen Depletion der *„blood–derived"* Langerin$^+$CD8α$^+$CD4$^-$ DCs in den Haut–drainierenden Lymphknoten. In dieser Arbeit wird die 97 %–ige Depletion der *„skin–derived"* DCs in den Haut–drainierenden Lymphknoten als vollständige Depletion interpretiert, denn es ist auszuschließen, dass die verbleibenden 3 % dieser Zellen einen substantiellen Einfluss auf die Immunantwort haben.

Bereits vier Tage nach der DT–Injektion sind wieder erste Langerin⁺ dDCs in der Dermis und kurze Zeit später in den Haut–drainierenden Lymphknoten nachweisbar. Bis Tag 14 nach DT–Behandlung wird die Population sukzessive aufgefüllt (Poulin *et al.*, 2007). Wahrscheinlich kehren die „*blood–derived*" Langerin⁺CD8α⁺CD4⁻ DCs in den Haut–drainierenden Lymphknoten mit einer ähnlich schnellen Kinetik zurück, jedoch sind diesbezüglich bisher keine genauen Untersuchungen durchgeführt worden. Erste LCs sind nicht vor Tag 14 nach DT–Behandlung in der Epidermis und den Haut–drainierenden Lymphknoten zu finden, und es dauert etwa sechs Wochen bis die Population vollständig aufgefüllt ist (Kaplan *et al.*, 2008; Kissenpfennig *et al.*, 2005b).

Die Anwendung eines Mausmodells, in dem sich Langerin⁺ Zellen durch DT–Behandlung depletieren lassen, erfordert die Kontrolle des Toxins sowie möglicher Nebenwirkungen. Während dieser Doktorarbeit wurden im Abstand von zwei bis vier Wochen *epidermal sheets* von DT–behandelten Lang–DTR–Mäusen angefertigt. Da in diesen Mäusen durch Färbung mit einem Antikörper gegen Langerin niemals LCs in der Epidermis detektierbar waren, demonstrierten diese Kontrollen sowohl die Wirksamkeit des DT als auch die Stabilität der DTR–Expression in den am Bernhard–Nocht–Institut gezüchteten Mäusen (siehe Abb. 3.1).

Um in Lang–DTR–Mäusen die maximal erreichbare Depletion von Langerin⁺ DCs für die Dauer einer *L. major*–Infektion zu gewährleisten, müssten die Mäuse für etwa 80 Tage wiederholt im Abstand von drei Tagen mit DT behandelt werden, da bereits vier Tage nach DT–Injektion Langerin⁺ dDCs in der Dermis und „*blood–derived*" Langerin⁺CD8α⁺CD4⁻ DCs in den Haut–drainierenden Lymphknoten auftauchen. Eine DT–Behandlung an jedem dritten Tag führte allerdings schon nach 15 Tagen zu starken Nebenwirkungen in Lang–DTR–Mäusen. Neben den physischen Beeinträchtigungen (Gewichtsverlust, Verschorfungen im Halsbereich) wiesen die Mäuse DT–spezifische Antikörper im Blut auf (siehe Abb. 3.14). Da parallel behandelte C57BL/6–Mäuse sogar schneller, höhere Titer als die Lang–DTR–Mäuse aufweisen, liegt die Vermutung nahe, dass die beobachteten Effekte eine Reaktion auf nicht absorbiertes DT sind (Daten nicht gezeigt). Wöchentlich mit DT behandelte Lang–DTR–Mäuse hatten hingegen keine DT–spezifischen Antikörper im Serum (Daten nicht gezeigt). Dass diese Art der DT–Behandlung an sich den Infektionsverlauf beeinflusst, konnte ausgeschlossen werden, da infizierte C57BL/6–Mäuse, die jeden siebten Tag mit DT behandelt wurden, einen vergleichbaren Krankheitsverlauf aufwiesen, wie die unbehandelten Kontrolltiere (siehe Abb. 3.2). Entsprechend dieser Daten wurden Lang–DTR–Mäuse in dieser Arbeit maximal jeden siebten Tag mit DT behandelt. In Langzeitstudien konnte also die *L. major*–spezifische Immunreaktion in vollständiger Abwesenheit von LCs und partieller Abwesenheit von Langerin$^+$ dDCs und von *„blood–derived"* Langerin$^+$CD8α^+CD4$^-$ Zellen analysiert werden.

4.2 LCs sind nicht an der Einleitung einer *L. major*–spezifischen Th1–Zell–Antwort beteiligt

Bereits 2004 zweifelten zwei Publikationen die Rolle von LCs bei der Einleitung einer *L. major*–spezifischen Th1–Zell–Antwort an (Lemos *et al.*, 2004; Ritter *et al.*, 2004b). Lemos *et al.* benutzten ein Mausmodell, in dem ausschließlich CD8α^+ und CD11b$^+$ Zellen, aber angeblich nicht LCs MHC–II–Moleküle exprimieren und somit CD4$^+$ T–Zellen L–Ag präsentieren können. Da diese Mäuse eine für resistente Mäuse normale *L. major*–spezifische Immunreaktion entwickelten, schlussfolgerten die Autoren, dass LCs für die Heilung der Infektion entbehrlich sind. Die Wissenschaftler konnten jedoch nicht überzeugend demonstrieren, dass LCs in ihrem Modell tatsächlich keine MHC–II–Moleküle exprimieren, denn sie führten keine Färbung gegen Langerin durch, welches damals der einzig bekannte LC–spezifische Marker war (Lemos *et al.*, 2004). Ritter *et al.* zeigten hingegen eindeutig, dass L–Ag CD4$^+$ T–Zellen in den Haut–drainierenden Lymphknoten durch Langerin$^-$ DCs präsentiert wird (Ritter *et al.*, 2004b). In dieser Arbeit konnte jedoch nicht überprüft werden, ob LCs einen indirekten Einfluss auf die adaptive

Immunantwort gegen *L. major* haben, z. B. durch die Freisetzung löslicher Mediatoren am Infektionsort oder den Transport von L–Ag zum Haut–drainierenden Lymphknoten. Dies war erst mit der Entwicklung der Lang–DTR–Maus möglich.

Um die Bedeutung von LCs für den Infektionsverlauf zu untersuchen, wurden wöchentlich mit DT behandelte und unbehandelte Lang–DTR–Mäuse mit hohen und geringen Dosen von *L. major*–Parasiten infiziert. Zu bestimmten Zeitpunkten nach der Infektion wurde die Fußschwellung gemessen, die Parasitenlast von Haut–drainierenden Lymphknoten und Pfoten bestimmt, die Produktion *L. major*–spezifischer Antikörper untersucht und die Fähigkeit zur Ausbildung einer Gedächtnis–T–Zell–Antwort analysiert. Es zeigte sich, dass die Infektion in Abwesenheit von LCs so effizient eingedämmt werden konnte wie in der Kontrollgruppe. Auch die Parasitenlasten der infizierten Gewebe, die humorale Immunität sowie die Qualität der Gedächtnis–T–Zell–Antwort glichen sich in LC–defizienten und Kontrollmäusen (siehe Abb. 3.15 – 3.18 für das *high dose*–Modell; Abb. 3.19 – 3.20 für das *low dose*–Modell).

Um zu untersuchen, ob die Abwesenheit von LCs die Anzahl antigenspezifischer $CD4^+$ T–Zellen in den Haut–drainierenden Lymphknoten beeinflusst, wurden Lymphknotenzellen aus mit 3×10^6 *L. major*–Parasiten infizierten Lang–DTR–Mäusen isoliert und mit L–Ag restimuliert. Weder während der frühen Phase der Infektion (Tag 4 und 10) noch zu späteren Zeitpunkten (Tag 14, 21 und 28; Daten nicht gezeigt) unterschieden sich die Proliferationsraten der $CD4^+$ T–Zellen zwischen LC–defizienten und Kontrollmäusen (siehe Abb. 3.6A). Die beiden Mausgruppen wiesen an Tag 4 und 10 nach Infektion vergleichbare Zahlen aktivierter $CD4^+$ T–Zellen in den infizierten Haut–drainierenden Lymphknoten (siehe Abb. 3.6E) und Pfoten (siehe Abb. 3.8E) auf. Schließlich zeigten intrazelluläre Zytokinanalysen, dass die entscheidende Effektorfunktion der induzierten Th1–Zellen unabhängig von LCs ist, da die prozentualen Anteile der IFN–γ–produzierenden $CD4^+$ T–Zellen in den Haut–drainierenden Lymphknoten und Pfoten von DT–behandelten und Kontrollmäusen einander ähnelten (siehe Abb. 3.12A, E; Daten für Pfoten nicht gezeigt).

Dass die Induktion der *L. major*–spezifischen $CD4^+$ T–Zell–Antwort tatsächlich nicht von LCs abhängig ist und es sich nicht um eine Beobachtung handelt, welche durch die gleichzeitige Abwesenheit der anderen $Langerin^+$ DCs in der Dermis und dem Haut–drainierenden Lymphknoten hervorgerufen wird, zeigten Experimente, in denen Lang–DTR–Mäusen nur sieben Tage vor der Infektion, nicht aber am Tag der Infektion mit DT behandelt wurden. Diesen Mäusen fehlten während der ersten vier Tage der Infektion ausschließlich LCs, da die Populationen der anderen $Langerin^+$ DCs bereits wieder aufgefüllt waren. An Tag 4 nach Infektion mit *L. major* war in diesen Mäusen die $CD4^+$ T–Zell–Proliferation identisch zu der von Zellen aus unbehandelten Lang–DTR–Mäusen (siehe Abb. 3.9A).

Mit Hilfe von Immunisierungsexperimenten mit dem Modellantigen OVA sollte in einem weiteren Modell gezeigt werden, dass die Abwesenheit von LCs keinen Einfluss auf die $CD4^+$ T–Zell–Aktivierung nach der subkutanen Applikation eines Antigens hat. Dazu wurden OVA–spezifische $CD4^+$ T–Zellen in DT–behandelte und unbehandelte Lang–DTR–Mäuse transferiert und ihre Proliferation nach Injektion von OVA in die Mauspfoten bestimmt. Es zeigte sich, dass auch in diesem Modell die Abwesenheit von LCs keinen Einfluss auf die $CD4^+$ T–Zell–Proliferation hatte (siehe Abb. 3.10A, B).

Die beschriebenen Ergebnisse stimmen sehr gut mit neueren Untersuchungen überein, in denen sich immer deutlicher herauskristallisiert, dass LCs für die Aktivierung einer adaptiven Immunantwort nicht von Bedeutung sind. So kommt es in Abwesenheit von LCs zur effizienten Kontakthypersensitivitätsreaktion (Bursch *et al.*, 2007; Kissenpfennig *et al.*, 2005b; Wang *et al.*, 2008). Es zeigte sich, dass weder die humorale noch die zellvermittelte Immunität nach *gene gun*–Immunisierungen vom Vorhandensein von LCs abhängig ist (Nagao *et al.*, 2009; Stoecklinger *et al.*, 2007). Außerdem sind LCs nicht für die Einleitung einer *Herpes simplex*–Virus–spezifischen Immunantwort notwendig (Allan *et al.*, 2003; Allan *et al.*, 2006). Bezüglich des Immunsystems der Haut stellt sich somit die

Frage, welche Zellen für die Aktivierung einer adaptiven Immunantwort verantwortlich sind.

4.2.1 Welcher DC–Subtyp aktiviert CD4$^+$ T–Zellen während der L. major–Infektion?

Da LCs offensichtlich nicht für die Aktivierung einer L. major–spezifischen Th1–Zell–Antwort notwendig sind, muss ein anderer DC–Subtyp diese Aufgabe erfüllen. Es wäre möglich, dass andere DCs in der Haut (Langerin$^+$ dDCs oder Langerin$^-$ dDCs) oder „blood–derived" DCs, die in den Haut–drainierenden Lymphknoten lokalisiert sind, diese Aufgabe übernehmen. Zusätzlich wurde kürzlich ein weiterer DC–Subtyp beschrieben, der wahrscheinlich von Monozyten abstammt und während einer L. major–Infektion auftritt. Da bisher jedoch nicht zweifelsfrei geklärt ist, ob es sich dabei um Vorläuferzellen der „skin–derived" DCs oder eine eigenständige DC–Subpopulation handelt, wird diese Zellart in den folgenden Betrachtungen nicht weiter berücksichtigt (Leon et al., 2007; Merad et al., 2008). Um die Frage zu beantworten, ob Langerin$^+$ dDCs oder „blood–derived" Langerin$^+$CD8α$^+$CD4$^-$ DCs in den Haut–drainierenden Lymphknoten bei der Aktivierung L. major–spezifischer CD4$^+$ T–Zellen involviert sind, wurden Lang–DTR–Mäuse, die sieben Tage vor und am Tag der Infektion mit DT behandelt wurden, mit 3 x 10^6 L. major–Parasiten infiziert. Diesen Mäusen fehlten während der ersten vier Tage der Infektion neben LCs auch die beiden anderen Langerin$^+$ DC–Subtypen. Die Proliferation von CD4$^+$ T–Zellen, die an Tag 4 nach Infektion aus den Haut–drainierenden Lymphknoten isoliert und mit L–Ag restimuliert wurden, unterschied sich nicht zwischen DT–behandelten und unbehandelten Mäusen (siehe Abb. 3.9A). Auch die Anzahl aktivierter CD4$^+$ T–Zellen in den infizierten Haut–drainierenden Lymphknoten (siehe Abb. 3.4E, Tag 4) und Pfoten (siehe Abb. 3.8E, Tag 4) war von der Abwesenheit aller

Langerin$^+$ DCs nicht beeinflusst. Und schließlich produzierten in den Haut–drainierenden Lymphknoten DT–behandelter Lang–DTR–Mäuse gleiche Anteile an CD4$^+$ T–Zellen IFN–γ wie in den Kontrolltieren (siehe Abb. 3.12E, Tag 4).

Zu späteren Zeitpunkten lässt sich die Bedeutung von Langerin$^+$ dDCs und von „blood–derived" Langerin$^+$CD8α$^+$CD4$^-$ DCs bei der *L. major*–spezifischen Th1–Zell–Antwort in diesem Mausmodell nicht zuverlässig untersuchen. Dies liegt daran, dass sie in Lang–DTR–Mäusen aufgrund ihrer schnellen Repopulationskinetik zwischen den wöchentlichen DT–Behandlungen für einen Zeitraum von zwei bis drei Tagen in geringen Mengen in der Dermis bzw. den Haut–drainierenden Lymphknoten vorhanden waren (Poulin *et al.*, 2007). Aufgrund der hier gewonnenen Daten für Tag 4 nach Infektion, dem Zeitpunkt, an dem es in den Haut–drainierenden Lymphknoten zur Induktion der adaptiven Immunantwort kommt, in Zusammenhang mit dem Befund von Ritter *et al.*, dass L–Ag in den Haut–drainierenden Lymphknoten mit Langerin$^-$ Zellen assoziiert ist, scheint es jedoch sehr unwahrscheinlich, dass Langerin$^+$ dDCs oder „blood–derived" Langerin$^+$CD8α$^+$CD4$^-$ DCs für die *L. major*–spezifische Th1–Zell–Antwort wichtig sind (Ritter *et al.*, 2004b).

Unter der Annahme, dass LCs und andere Langerin$^+$ DCs keine Rolle bei der *L. major*–spezifischen Th1–Zell–Aktivierung spielen, scheint es nahe liegend, dass Langerin$^-$ dDCs L–Ag in der Haut aufnehmen, in die Haut–drainierenden Lymphknoten wandern und dort naive CD4$^+$ T–Zellen antigenspezifisch aktivieren. Es wäre jedoch ebenso möglich, dass „blood–derived" DCs in den Haut–drainierenden Lymphknoten in die *L. major*–spezifische CD4$^+$ T–Zell–Aktivierung involviert sind. Für letzteres sprechen Ergebnisse von Iezzi *et al.*, die zeigen, dass auch nach der operativen Entfernung der Inokulationsstelle kurz nach der Infektion eine schützende Th1–Zell–Antwort in den Haut–drainierenden Lymphknoten ausgelöst wird (Iezzi *et al.*, 2006). Auf welchem Weg L–Ag die „blood–derived" DCs in den Haut–drainierenden Lymphknoten erreichen soll, ist unklar. Folgende Szenarien wären denkbar: (1)

Infizierte Zellen setzten lösliches L–Ag am Infektionsort frei, das mit der Lymphflüssigkeit passiv in die Haut–drainierenden Lymphknoten geschwemmt wird. Solange das Molekulargewicht des Antigens kleiner als 70 kDa ist, gelangt es in die T–Zell–Zone, wo es von DCs aufgenommen und präsentiert werden kann (Lammermann und Sixt, 2008). (2) L–Ag wird am Infektionsort durch Langerin$^-$ dDCs aufgenommen und prozessiert. Diese Zellen wandern in die Haut–drainierenden Lymphknoten und übergeben L–Ag/MHC–II–Komplexe an dort lokalisierte DCs, welche es CD4$^+$ T–Zellen präsentieren. Dieser MHC–Peptid–Transfer ist unter dem Begriff *cross dressing* bekannt geworden, und wird in Abschnitt 4.4.2 erneut aufgegriffen werden (Dolan *et al.*, 2006). Ein Schwachpunkt dieser beiden Szenarien besteht darin, dass unklar ist, wie eine DC ohne Kontakt mit dem Parasiten kostimulatorische Moleküle exprimieren („Signal 2") und IL–12 produzieren („Signal 3") kann, um eine funktionelle CD4$^+$ T–Zell–Antwort einzuleiten. (3) *L. major*–Parasiten werden mit der Lymphe in den subkapsulären Sinus des Haut–drainierenden Lymphknotens geschwemmt, wo sie aufgrund ihres zu hohen Molekulargewichts stecken bleiben. Dort lokalisierte antigenpräsentierende Zellen könnten dann zur Prozessierung des Parasiten und anschließenden Präsentation oder Weitergabe von L–Ag an andere DC–Subtypen beitragen (Lammermann und Sixt, 2008).

Die hier diskutierten Ergebnisse zeigen eindeutig, dass LCs für eine schützende *L. major*–spezifische Th1–Zell–Antwort entbehrlich sind. Weiterhin gibt es starke Hinweise darauf, dass auch die anderen Langerin$^+$ DCs nicht für die Aktivierung von CD4$^+$ T–Zellen während der Infektion verantwortlich sind. Ob Langerin$^-$ dDCs oder „*blood–derived*" DCs in den Haut–drainierenden Lymphknoten diese Aufgabe erfüllen, bleibt offen und wird der Untersuchungsgegenstand weiterer Arbeiten sein. Als nächstes stellte sich die Frage, welche Funktion, wenn nicht die Aktivierung der schützenden Immunantwort, LCs im experimentellen Modell der Leishmaniose erfüllen.

4.3 Die Rolle von LCs bei der Regulation der *L. major*–Infektion

Da in den vergangenen Jahren vermehrt Hinweise auftauchten, dass LCs für die Regulation adaptiver Immunantworten nötig sein könnten, wurde ihr immunregulatorisches Potential in der *L. major*–Infektion untersucht.

Bei der Kontrolle der adaptiven Immunantwort gegen *L. major* spielen natürliche regulatorische T–Zellen (nTreg) eine wichtige Rolle. Belkaid *et al.* demonstrierten, dass während einer Infektion in resistenten Mausstämmen nTregs am Infektionsort auftauchen, welche durch IL–10–abhängige und IL–10–unabhängige Mechanismen die Funktion lokaler Effektorzellen regulieren. Dies führte zu einer unvollständigen Beseitigung des Parasiten, was wiederum wichtig für die Ausbildung des immunologischen Gedächtnisses ist und so zur protektiven Immunität beiträgt (Belkaid *et al.*, 2002a; Suvas *et al.*, 2004). Somit sorgen nTregs in der *L. major*–Infektion für eine Balance zwischen Wirt und Pathogen, die letztlich beiden zugute kommt (Belkaid, 2007). Kürzlich konnte ein *L. major*–Stamm isoliert werden, der in normalerweise resistenten C57BL/6–Mäusen einen chronischen Infektionsverlauf verursacht (Anderson *et al.*, 2005). Kurze Zeit später zeigten die Autoren, dass in dieser Infektion nicht nTregs, sondern andere CD4$^+$ T–Zellen an der Regulation der Immunantwort beteiligt sind. Dabei handelt es sich um Th1–Zellen, die neben IFN–γ auch IL–10 produzieren (Anderson *et al.*, 2007). In einer parallelen Studie wurde demonstriert, dass diese Zellen auch an der Immunsuppression einer *Toxoplasma gondii*–Infektion beteiligt sind. Hier zeigte sich zudem, dass IL–10 nur transient von den Th1–Zellen exprimiert wird, was darauf hindeutet, dass es sich um einen negativen Feedback–Mechanismus handeln könnte (Jankovic *et al.*, 2007).

Um zu untersuchen, ob LCs einen Einfluss auf die Regulation der *L. major*–spezifischen Immmunantwort haben, fand eine Analyse der oben beschriebenen regulatorisch wirksamen CD4$^+$ T–Zell–Populationen (nTregs, IFN–γ/IL–10–doppelt–positive T–Zellen) in DT–behandelten und unbehandelten Lang–DTR–Mäusen statt. Die DT–Injektion erfolgte dabei, wie gewöhnlich, beginnend sieben Tage vor der Infektion und anschließend jeweils im Abstand von einer Woche. Für alle durchgeführten Experimente wurden die Mäuse mit 3×10^6 *L. major*–Parasiten infiziert.

Der Anteil von nTregs in Haut–drainierenden Lymphknoten und Pfoten wurde mit Hilfe einer Färbung gegen den für diese Zellpopulation spezifischen Transkriptionsfaktor Foxp3 (*Forkhead box protein 3*) bestimmt. Er unterschied sich zu keinem der untersuchten Zeitpunkte (Tag 7, 14, 21, 28) zwischen LC–defizienten und Kontrollmäusen (Daten nicht gezeigt). Die Bestimmung des Anteils IFN–γ/IL–10–doppelt–positiver $CD4^+$ T–Zellen in den Haut–drainierenden Lymphknoten erfolgte durch intrazellulären Zytokinnachweis. An Tag 10 nach Infektion war dieser in LC–defizienten Mäusen im Vergleich zu Kontrollmäusen signifikant verringert (siehe Abb. 3.13). Es scheint unwahrscheinlich, dass diese Beobachtung durch das Fehlen anderer $Langerin^+$ DCs, als LCs verursacht wird, denn $Langerin^+$ dDCs und *„blood–derived"* $Langerin^+CD8\alpha^+CD4^-$ DCs waren zwischen den wöchentlichen DT–Behandlungen für mindestens drei Tage, nämlich zwischen Tag 4 und Tag 7, wieder in den Mäusen vorhanden. Der Anteil der IFN–γ/IL–10–doppelt–positiven $CD4^+$ T–Zellen in den Haut–drainierenden Lymphknoten nahm zu späteren Zeitpunkten in beiden Mausgruppen ab. Zwischen DT–behandelten und Kontrollmäusen waren keine Unterschiede mehr nachweisbar (Daten nicht gezeigt). Dass diese Zellen nur während eines kurzen Zeitraums der Infektion detektierbar sind, stimmt mit dem Befund überein, dass Th1–Zellen IL–10 nur transient in Folge eines negativen Feedback–Mechanismus exprimieren (Jankovic *et al.*, 2007). Weiterhin konnten in keiner der untersuchten Gruppen IFN–γ/IL–10–doppelt–positive $CD4^+$ T–Zellen in den infizierten Pfoten nachgewiesen werden, was darauf hindeutet, dass diese Zellen die Aktivierung der adaptiven Immunantwort in den Haut–drainierenden Lymphknoten regulieren, aber nicht die Effektorzellen am Infektionsort (Daten nicht gezeigt).

Die gewonnenen Ergebnisse geben Grund zu der Annahme, dass LCs in die Immunregulation einer *L. major*–Infektion eingreifen können, indem sie die Aktivierung von IFN–γ/IL–10–doppelt–positiven $CD4^+$ T–Zellen beeinflussen. In weiteren Untersuchungen sollte überprüft werden, ob dies über direkten Kontakt zwischen LC und T–Zelle oder über indirekte Mechanismen erfolgt. Weiterhin sollte analysiert werden, ob IFN–γ/IL–10–doppelt–positive $CD4^+$ T–Zellen generell an der Regulation der Infektion mit dem in dieser Arbeit verwendeten Parasitenstamm beteiligt sind oder ob es sich um einen unspezifischen Effekt handelt, der durch die hohe Parasitendosis verursacht wird.

Eine immunregulatorische Wirkung von LCs konnte bisher vor allem im Lang–DTA–Mausmodell von Kaplan *et al.* nachgewiesen werden. Diesen Mäusen fehlen LCs von Geburt an, während alle anderen Zelltypen, unter ihnen auch Langerin$^+$ dDCs und „*blood–derived*" Langerin$^+$CD8α^+CD4$^-$ DCs, vorhanden und uneingeschränkt funktionsfähig sind (Kaplan *et al.*, 2005). Diese Mäuse weisen in Experimenten, in denen ihnen ein Hapten auf die Haut aufgetragen wird, eine verstärkte Kontakthypersensitivitätsreaktion auf, was die Autoren auf eine mangelnde Immunregulation zurückführen (Kaplan *et al.*, 2005). In einer weiteren Studie demonstrierten die Wissenschaftler, dass ein Hauttransplantat einer männlichen Maus, das in der Regel von weiblichen Mäusen desselben Stammes akzeptiert wird, von LC–defizienten Lang–DTA–Mäusen abgestoßen wird. Daraus schlossen die Autoren, dass LCs für die Akzeptanz dieses Transplantats durch die Unterdrückung der Immunreaktion notwendig sind (Kaplan *et al.*, 2005; Obhrai *et al.*, 2008). Bei der Interpretation von Ergebnissen, die mit dem Lang–DTA–Mausmodell gewonnen werden, muss beachtet werden, dass sich das Immunsystem der Haut dieser Tiere in Abwesenheit von LCs entwickelt. Somit kann nicht ausgeschlossen werden, dass entwicklungsbiologische Veränderungen zu den beobachteten Effekten führen (Kaplan *et al.*, 2005; Obhrai *et al.*, 2008).

Die Ergebnisse dieser Arbeit demonstrieren, dass LCs nicht durch die Aktivierung von Th1–Zellen, sondern, wenn überhaupt, über die Induktion suppressiver Mechanismen an der adaptiven Immunantwort gegen *L. major* beteiligt sind. Neben $CD4^+$ Th1–Zellen und regulatorisch wirksamen T–Zellen scheinen auch $CD8^+$ T–Zellen eine wichtige Rolle in der Infektion zu spielen. Über die genaue Funktion und die Aktivierung dieser Zellpopulation im experimentellen Modell der Leishmaniose ist bisher nur sehr wenig bekannt.

4.4 Die Funktion von $CD8^+$ T–Zellen im experimentellen Modell der Leishmaniose

$CD8^+$ T–Zellen spielen nicht nur bei der Beseitigung von Virus–Infektionen, sondern auch bei der Bekämpfung anderer Krankheitserreger eine wichtige Rolle. Die Funktion von $CD8^+$ T–Zellen in der *L. major*–Infektion ist nicht vollständig geklärt. Einige Untersuchungen sprechen für eine wichtige Rolle in Sekundärinfektionen mit dem Parasiten (Muller, 1992; Muller *et al.*, 1993; Muller *et al.*, 1994). Frühe Studien, in denen Mäuse mit anti–CD8 Antikörpern behandeltet wurden, zeigten, dass $CD8^+$ T–Zellen auch für die Heilung einer Primärinfektion essentiell sind (Titus *et al.*, 1987). Neuere Ergebnisse deuten jedoch darauf hin, dass $CD8^+$ T–Zellen für die Klärung einer Erstinfektion nicht zwingend erforderlich sind. In diesen Arbeiten war der Infektionsverlauf in C57BL/6–Mäusen, die β2–Mikroglobulin– oder CD8–defizient waren, identisch zu dem in Kontrollmäusen (Huber *et al.*, 1998; Wang *et al.*, 1993). Wurden $CD8^{-/-}$ und CD8–depletierte Mäuse jedoch statt mit hohen Parasitenzahlen, mit nur etwa 100 Parasiten intradermal ins Ohr infiziert, konnten sie die Infektion nicht beseitigen (Belkaid *et al.*, 2002b). Weitere Untersuchungen demonstrierten, dass in diesem Fall $CD8^+$ T–Zellen wichtig sind, da sie die transiente Th2–Zell–Antwort in eine Th1–Zell–Antwort umkehren (Belkaid *et al.*, 2002b; Uzonna *et al.*, 2004). Es ist zu beachten, dass in den Studien von Belkaid *et al.* und Uzonna *et al.* ein anderer *L. major*–Stamm als in der vorliegenden Arbeit benutzt wurde. Ob $CD8^+$ T–Zellen während einer intradermalen Infektion mit wenigen *L. major*–Parasiten des hier verwendeten Stammes essentiell sind, ist nicht bekannt. Im Prinzip könnten $CD8^+$ T–Zellen sowohl über die Sekretion proinflammatorischer Zytokine, wie z. B. IFN–γ, als auch über ihre zytotoxische Funktion zur Beseitigung einer *L. major*–Infektion beitragen (Ruiz und Becker, 2007).

Die Arbeit von Huber *et al.* zeigte zwar eindeutig, dass CD8$^+$ T–Zellen nicht nötig sind, um eine Infektion mit 2×10^7 *L. major*–Parasiten des Stammes MHOM/IL/81/FE/BNI erfolgreich einzudämmen, allerdings untersuchten die Autoren weder, ob und wie CD8$^+$ T–Zellen in den Kontrollmäusen an der Immunantwort beteiligt sind, noch wie sich die CD8$^+$ T–Zell–Defizienz im Fall einer *low dose*–Infektion auswirkt (Huber *et al.*, 1998). Daher war ein Bestandteil der vorliegenden Arbeit die CD8$^+$ T–Zell–Antwort in einem resistenten Mausstamm nach Infektion mit 3×10^6 oder 3×10^3 *L. major*–Parasiten des Stammes MHOM/IL/81/FE/BNI genauer zu analysieren.

Nach Infektion mit 3×10^6 *L. major*–Parasiten stieg die Anzahl CD8$^+$ T–Zellen in den Haut–drainierenden Lymphknoten in Lang–DTR–Kontrollmäusen innerhalb der ersten zehn Tage um mehr als das zehnfache an (siehe Abb. 3.3C). Auch die Zahl der CD8$^+$ T–Zellen, welche die infizierten Pfoten infiltrierten, nahm bis Tag 10 um ein Vielfaches zu (siehe Abb. 3.8B, D, F). Schließlich proliferierten nach Restimulation mit L–Ag bis zu 60 % der CD8$^+$ T–Zellen, die an Tag 4 aus den Haut–drainierenden Lymphknoten von *L. major*–infizierten Lang–DTR–Mäusen isoliert wurden (siehe Abb. 3.6B, Tag 4). Überraschenderweise unterschied sich damit die CD8$^+$ T–Zell–Antwort während der frühen Phase der Infektion quantitativ kaum von der CD4$^+$ T–Zell–Antwort. Allerdings proliferierte bereits an Tag 14 nach Infektion nur noch ein geringer Anteil von CD8$^+$ T–Zellen aus den Haut–drainierenden Lymphknoten antigenspezifisch (< 10 %) und dementsprechend traten nur noch wenige aktivierte CD8$^+$ T–Zellen in den infizierten Pfoten auf (Daten nicht gezeigt). Hingegen kam es zu diesen späten Zeitpunkten zur Verstärkung der CD4$^+$ T–Zell–Antwort (Daten nicht gezeigt). Was die Effektorfunktion der früh auftretenden CD8$^+$ T–Zellen betrifft, zeigten intrazelluläre Zytokinfärbungen, dass sie in der Lage sind IFN–γ, aber nicht IL–10 zu produzieren (siehe Abb. 3.12A, E, D, H). Es ist also unwahrscheinlich, dass es sich dabei um regulatorisch wirksame CD8$^+$ T–Zellen handelt (Smith und Kumar, 2008).

Nach einer Infektion mit 3 x 10³ Parasiten kam es im Gegensatz zur *high dose*–Infektion erst sehr spät zur Einleitung der adaptiven Immunantwort. Das zeigte unter anderem die L–Ag–Restimulation von Zellen, die zu verschiedenen Zeitpunkten aus den Haut–drainierenden Lymphknoten isoliert worden waren. Erst an Tag 40 war die antigenspezifische Proliferation beider T–Zell–Subtypen am stärksten, wobei die $CD8^+$ T–Zell–Antwort schwächer als die $CD4^+$ T–Zell–Antwort war (siehe Abb. 3.21). Noch deutlicher wurde die vergleichsweise geringe Beteiligung von $CD8^+$ T–Zellen bei der Analyse der aktivierten T–Zellen in den infizierten Pfoten. An Tag 40 waren mit 7000 $CD4^+CD62L^{niedrig}$ T–Zellen etwa siebenmal mehr aktivierte $CD4^+$ T–Zellen als $CD8^+$ T–Zellen detektierbar. Tatsächlich waren zu keinem der analysierten Zeitpunkte signifikant mehr $CD8^+CD62L^{niedrig}$ T–Zellen in den infizierten als in naiven Pfoten nachweisbar (siehe Abb. 3.23C). Somit konnte im Gegensatz zur *high dose*–Infektion eine verhältnismäßig starke $CD8^+$ T–Zell–Antwort in der *low dose*–Infektion zu keinem Zeitpunkt nachgewiesen werden. Ob $CD8^+$ T–Zellen dennoch für die Beseitigung der *low dose*–Infektion essentiell sind, wie die Ergebnisse von Belkaid *et al.* vermuten lassen, ist offen und sollte mit Hilfe einer $CD8^{-/-}$ Maus beantwortet werden (Belkaid *et al.*, 2002b).

Die durchgeführten Untersuchungen deuten also darauf hin, dass $CD8^+$ T–Zellen unter bestimmten Umständen an einer adaptiven Immunantwort gegen *L. major*–Parasiten des hier verwendeten Stammes MHOM/IL/81/FE/BNI beteiligt sind. Eine starke $CD8^+$ T–Zell–Antwort war jedoch nur nach Infektion mit einer hohen Parasitenzahl und in der frühen Phase der Immunantwort nachweisbar. Es ist vorstellbar, dass bei einer sehr hohen Parasitenlast $CD8^+$ T–Zellen die Infektion so lange in Schach halten, bis die Th1–Zell–Antwort stark genug ist, um die Erreger zu beseitigen. Wie es zur Aktivierung einer *L. major*–spezifischen $CD8^+$ T–Zell–Antwort kommt ist ebenso wenig geklärt, wie die Frage, welche Zellen dafür verantwortlich sind.

4.4.1 Die Aktivierung *L. major*–spezifischer CD8$^+$ T–Zellen

L. major–Parasiten befinden sich in der Regel in den Phagosomen ihrer Wirtszellen. Das bedeutet, dass infizierte Zellen nur über *cross presentation* eine CD8$^+$ T–Zell–Antwort einleiten können. Mit *L. major* infizierte Makrophagen aktivieren offensichtlich keine naiven CD8$^+$ T–Zellen, sind jedoch in der Lage von *L. major* stammende Peptide an MHC–I–Moleküle gebunden auf ihrer Zelloberfläche zu präsentieren, wodurch sie die Zytokinfreisetzung durch CD8$^+$ T–Effektorzellen induzieren können (Bertholet *et al.*, 2005). *In vitro*–Untersuchungen zeigten, dass im Gegensatz zu Makrophagen, DCs, die mit *L. major* infiziert sind, sehr effizient naive CD8$^+$ T–Zellen aktivieren. Somit sind DCs höchstwahrscheinlich für die Einleitung der adaptiven CD8$^+$ T–Zell–Antwort während der Infektion hauptverantwortlich (Bertholet *et al.*, 2005). Diese Daten stimmen mit Ergebnissen überein, die auf eine Spezialisierung von DCs für die *cross presentation* hinweisen (den Haan *et al.*, 2000; Lin *et al.*, 2008a; Rodriguez *et al.*, 1999).

Wie *L. major* bzw. L–Ag in den MHC–I–Präsentationsweg der DC gelangt, ist bisher nicht geklärt. Bertholet *et al.* entwickelten einen *L. major*–Stamm, der ein chimäres OVA–Protein sezerniert (Bertholet *et al.*, 2005). Mit diesen Parasiten infizierte DCs präsentieren OVA–Peptid/MHC–I–Komplexe auf ihrer Zelloberfläche und aktivieren naive OVA–spezifische CD8$^+$ T–Zellen *in vitro* und *in vivo*. Dieser Prozess ist unabhängig von TAP. Weiterhin lösen TAP–defiziente DCs, welche mit Parasiten des *L. major*–Stammes MHOM/IL/80/FRIEDLIN infiziert und mit *in vivo*–aktivierten antigenspezifischen CD8$^+$ T–Zellen inkubiert wurden, eine robuste IFN–γ–Produktion durch diese T–Zellen aus. Schließlich ist der Infektionsverlauf in TAP–defizienten Mäusen nach der intradermalen Injektion von 10^4 *L. major*–Parasiten des Stammes MHOM/IL/80/FRIEDLIN nicht anders als in Wildtyp–Mäusen (Bertholet *et al.*, 2006). Daraus lässt sich ableiten, dass L–Ag über einem TAP–unabhängigen Prozess CD8$^+$ T–Zellen präsentiert wird und es stellt sich die Frage, welcher DC–Subtyp dazu in der Lage ist.

4.4.2 Langerin$^+$ DCs sind an der Aktivierung *L. major*–spezifischer CD8$^+$ T–Zellen beteiligt

Bis zu diesem Zeitpunkt existiert keine Arbeit, die untersucht hat, welchen Einfluss verschiedene DC–Subtypen auf die Einleitung einer *L. major*–spezifischen CD8$^+$ T–Zell–Antwort haben. Wie bereits erwähnt, befinden sich in der murinen Haut mindestens drei verschiedene DC–Subtypen, die nach einer Infektion mit *L. major* mit dem Parasiten in Kontakt geraten können. Außerdem kommen weitere DC–Subtypen in den Haut–drainierenden Lymphknoten vor, welche ebenfalls eine Rolle bei der Aktivierung von CD8$^+$ T–Zellen spielen könnten. Mit Hilfe von Lang–DTR–Mäusen erfolgte die Untersuchung der Rolle von Langerin$^+$ DCs bei der Aktivierung der *L. major*–spezifischen CD8$^+$ T–Zell–Antwort im *high dose*–Modell.

Mit L–Ag restimulierte Lymphknotenzellen aus Lang–DTR–Mäusen, die so mit DT behandelt wurden, dass ihnen während der ersten vier Tage der Infektion nur LCs fehlten, zeigten zu diesem Zeitpunkt eine unveränderte CD8$^+$ T–Zell–Antwort (siehe Abb. 3.9B). Fehlten jedoch neben LCs auch Langerin$^+$ dDCs und 70 % der „*blood–derived*" Langerin$^+$CD8α$^+$CD4$^-$ DCs in den Haut–drainierenden Lymphknoten, kam es zu einer signifikanten Reduktion der Proliferation von *L. major*–spezifischen CD8$^+$ T–Zellen nach L–Ag–Restimulation (siehe Abb. 3.9B). Auch die Anzahl aktivierter CD8$^+$ T–Zellen in den infizierten Haut–drainierenden Lymphknoten (siehe Abb. 3.4F, Tag 4) und Pfoten (siehe Abb. 3.8F, Tag 4) war in diesen Versuchen deutlich verringert. An Tag 10 nach Infektion, wenn die CD8$^+$ T–Zell–Antwort bereits wieder am Abklingen ist, waren keine Unterschiede zwischen DT–behandelten und Kontrollmäusen festzustellen (siehe Abb. 3.4F, 3.6B und 3.8F, Tag 10). Dabei muss allerdings beachtet werden, dass zwischen Tag 4 und Tag 10 in wöchentlich mit DT behandelten Lang–DTR–Mäusen Langerin$^+$ dDCs und „*blood–derived*" Langerin$^+$CD8α$^+$CD4$^-$ DC teilweise zurückgekehrt waren. Es ist sehr wahrscheinlich, dass die Reduktion der vorübergehend auftretenden CD8$^+$ T–Zell–Antwort in DT–behandelten Lang–DTR–Mäusen der

Grund für die stärkere Pfotenschwellung zu Beginn der Infektion ist (siehe Abb. 3.15), welche sich in der erhöhten Parasitenlast in den infizierten Pfoten an Tag 14 nach Infektion widerspiegelt (siehe Abb. 3.16B).

Die Ergebnisse der Infektionsexperimente zeigen eindeutig, dass LCs für die Aktivierung *L. major*–spezifischer $CD8^+$ T–Zellen nicht notwendig sind. Gleichzeitig deuten sie auf eine wichtige Rolle von $Langerin^+$ dDCs und/oder *„blood–derived"* $Langerin^+CD8\alpha^+CD4^-$ DCs bei dieser Aufgabe hin. Da die *L. major*–spezifische $CD8^+$ T–Zell–Antwort in Abwesenheit von $Langerin^+$ dDCs und *„blood–derived"* $Langerin^+CD8\alpha^+CD4^-$ DCs aber nicht um 100 % reduziert war, können wahrscheinlich auch andere DCs diese Funktion erfüllen. Es sei denn, die 30 % der *„blood–derived"* $Langerin^+CD8\alpha^+CD4^-$ DCs, die nach jeder DT–Behandlung in den Haut–drainierenden Lymphknoten verbleiben, sind für die beobachtete $CD8^+$ T–Zell–Antwort in DT–behandelten Lang–DTR–Mäusen verantwortlich. Diese Vermutung wird dadurch gestützt, dass die *„blood–derived"* $Langerin^+CD8\alpha^+CD4^-$ DCs eine hohe Ähnlichkeit zu den *„blood–derived"* $CD8\alpha^+CD4^-$ DCs in den Haut–drainierenden Lymphknoten aufweisen, die besser als alle anderen DCs $CD8^+$ T–Zell–Antworten gegen exogene Antigene auslösen können (Lin *et al.*, 2008a).

Sollten DCs, die sich im Haut–drainierenden Lymphknoten befinden, für die Aktivierung *L. major*–spezifischer $CD8^+$ T–Zellen verantwortlich sein, stellt sich die Frage wie sie in Kontakt mit dem Parasiten bzw. L–Ag kommen. Es wurde bereits in anderen Studien gezeigt, dass *„blood–derived"* $CD8\alpha^+CD4^-$ DCs in den Haut–drainierenden Lymphknoten zelluläre Antigene von einwandernden $Langerin^-$ dDCs oder LCs aufnehmen und über *cross presentation* $CD8^+$ T–Zellen aktivieren können (Allan *et al.*, 2006; Belz *et al.*, 2004; Carbone *et al.*, 2004). Ein weiterer Mechanismus besteht im Transfer von Peptid/MHC–I–Komplexen von einer einwandernden auf eine im Haut–drainierenden Lymphknoten befindliche DC. Dieser Prozess wird als *cross dressing* bezeichnet (Qu *et al.*, 2009; Smyth *et al.*, 2008). Eine andere Möglichkeit ist, dass L–Ag passiv mit der Lymphe in die

Haut–drainierenden Lymphknoten geschwemmt und dort von DCs aufgenommen wird (siehe Abschnitt 4.2.1). In einem anderen Modell sollte die Hypothese getestet werden, dass Langerin$^+$ DCs, mit Ausnahme von LCs, für die Aktivierung von CD8$^+$ T–Zell–Antworten in den Haut–assoziierten lymphatischen Geweben zuständig sind. Dazu wurden CFSE–gefärbte, OVA–spezifische CD8$^+$ T–Zellen in DT–behandelte und unbehandelte Lang–DTR–Mäuse transferiert und anschließend OVA in deren Pfoten injiziert. Es zeigte sich, dass die transferierten CD8$^+$ T–Zellen in LC–defizienten Mäusen genauso stark proliferierten wie in Kontrollmäusen (siehe Abb. 3.10A, C). Hingegen war die Proliferation bei zusätzlicher Abwesenheit von Langerin$^+$ dDCs und „blood–derived" Langerin$^+$CD8α$^+$CD4$^-$ DCs signifikant reduziert (siehe Abb. 3.10A, C). Also spielen auch in diesem Versuch Langerin$^+$ DCs, mit Ausnahme von LCs, eine wichtige Rolle bei der Aktivierung OVA–spezifischer CD8$^+$ T–Zellen. Auch in anderen Modellsystemen konnte gezeigt werden, dass Langerin$^+$ DCs CD8$^+$ T–Zell–Antworten stimulieren.

4.4.2 Langerin$^+$ DCs aktivieren CD8$^+$ T–Zellen

Im Jahr 2006, als die Heterogenität der Langerin–exprimierenden DCs noch nicht aufgeklärt war, zeigten Stoitzner et al., dass „LCs" in der Lage sind über *cross presentation* CD8$^+$ T–Zell–Antworten gegen Antigene in der Haut auszulösen (Stoitzner et al., 2006). Unter Berücksichtigung des heutigen Wissens um die anderen Langerin$^+$ DCs und der Ergebnisse dieser Arbeit ist anzunehmen, dass nicht ausschließlich LCs diesen Effekt vermittelten. In einer Folgearbeit untersuchten die Autoren, ob LCs bei der epikutanen Immunisierung gegen Tumorantigene eine Rolle spielen, indem sie CD8$^+$ T–Zellen mit einer Spezifität für diese Antigene aktivieren. Dazu führten sie Immunisierungen in Lang–DTR–Mäusen durch, die so mit DT behandelt wurden, dass ihnen neben LCs auch die anderen Langerin$^+$ DCs fehlten. Obwohl zu diesem Zeitpunkt bekannt war, dass mehrere Langerin$^+$

DC–Subtypen in der Dermis und in den Haut–drainierenden Lymphknoten vorkommen, schlussfolgerten sie, dass LCs über *cross presentation* $CD8^+$ T–Zellen aktivieren (Stoitzner *et al.*, 2008). Angesichts der Ergebnisse der vorliegenden Doktorarbeit sollte genauer untersucht werden, ob in diesen Experimenten nicht eher $Langerin^+$ DCs, die keine LCs sind, $CD8^+$ T–Zellen aktivieren (Brewig *et al.*, 2009).

Weitere Studien zeigten, dass $Langerin^+$ DCs bei der Aktivierung von $CD8^+$ T–Zellen nach einer Influenza–Infektion beteiligt sind (GeurtsvanKessel *et al.*, 2008). Außerdem demonstrierte eine Studie, dass $CD103^+$ DCs in den bronchoalveolaren Lymphknoten über *cross presentation* $CD8^+$ T–Zellen nach Inhalation eines Antigens aktivieren. $Langerin^+$ dDCs sind im Gegensatz zu LCs ebenfalls $CD103^+$, und es wäre denkbar, dass $CD103^+$ DCs einen gemeinsamen Ursprung haben, der sich auch in einer einheitlichen funktionellen Spezialisierung niederschlägt (del Rio *et al.*, 2007).

Angesichts der steigenden Anzahl von Daten, die zeigen, dass $Langerin^+$ DCs $CD8^+$ T–Zell–Antworten gegen exogene Antigene auslösen können, taucht die Frage auf, ob Langerin selbst in den Prozess der *cross presentation* involviert ist. Langerin ist ein C–Typ–Lektin–Rezeptor und an der Aufnahme von HIV und *Candida albicans* beteiligt (de Witte *et al.*, 2007; Takahara *et al.*, 2004). Zudem ist bewiesen worden, dass Langerin und *Birbeck–Granulae* in endozytotischen Prozessen involviert sind (Valladeau *et al.*, 2000). Um zu untersuchen, ob die Aufnahme von Antigenen über Langerin zur effizienten *cross presentation* führt, erzeugten Wissenschaftler einen monoklonalen Antikörper, der Langerin erkennt und an den ein Antigen gekoppelt ist. Damit ist der gezielte Transfer dieses Antigens über Langerin in die DC möglich. *In vivo*–Untersuchungen zeigten, dass die auf diesem Weg mit Antigen beladenen DCs Peptid/MHC–I– und Peptid/MHC–II–Komplexe auf der Zelloberfläche präsentieren und $CD8^+$ und $CD4^+$ T–Zell–Antworten stimulieren. Also führte der gezielte Antigentransfer über Langerin zur *cross presentation* (Idoyaga *et al.*, 2008).

Interessanterweise zeigen Langerin$^{-/-}$ Mäuse keinen veränderten Infektionsverlauf nach einer *L. major*–Infektion (Kissenpfennig *et al.*, 2005a). Dies stimmt mit unseren Daten überein, die zeigen, dass trotz der reduzierten CD8$^+$ T–Zell–Aktivierung in DT–behandelten Lang–DTR–Mäusen der Krankheitsverlauf nicht signifikant verändert ist.

Zusammenfassend zeigen die hier durchgeführten Ergebnisse, dass LCs für eine *L. major*–spezifische CD8$^+$ T–Zell–Antwort ebenso wenig von Bedeutung sind wie für eine CD4$^+$ T–Zell–Antwort. Anders als im Fall der CD4$^+$ T–Zell–Aktivierung, die gänzlich unabhängig von Langerin$^+$ DCs ist, scheinen Langerin$^+$ dDCs und/oder *„blood–derived"* Langerin$^+$CD8α$^+$CD4$^-$ DCs aber eine wichtige Rolle bei der Induktion von *L. major*–spezifischen CD8$^+$ T–Zellen durch *cross presentation* zu spielen.

4.5 Ausblick

Die vorliegende Arbeit zeigt eindeutig, dass Langerhans Zellen (LCs), im Gegensatz zu der bisherigen Annahme, nicht an der Einleitung einer *L. major*–spezifischen Th1–Zell–Antwort beteiligt sind. Es bleibt allerdings unbeantwortet, welche Zellen Antigen in der Haut aufnehmen, zum Lymphknoten wandern und dort CD4$^+$ T–Zellen aktivieren. Um dies zu analysieren, sollten histologische Untersuchungen im Zentrum der anschließenden Untersuchungen stehen. Damit könnte *in situ* gezeigt werden, welche DC–Subtypen mit L–Ag assoziiert sind und mit CD4$^+$ T–Zellen im Haut–drainierenden Lymphknoten in Kontakt treten.

Darüber hinaus lieferte diese Arbeit Hinweise auf eine regulatorische Funktion von LCs. In einem Modell, das die spezifische Beladung von LCs mit einem Antigen erlaubt, ließe sich die Modulation der T–Zell–Antwort gegen dieses Antigen untersuchen. Um die Bedeutung von LCs bei der Induktion immunsuppressiver

Mechanismen während einer *L. major*–Infektion genauer analysieren zu können, wäre ein Mausmodell erforderlich, in dem die selektive Abwesenheit von LCs über den gesamten Zeitraum der Infektion gewährleistet werden kann. Zwar existiert mit der Lang–DTA–Maus bereits ein Modell, in dem selektiv LCs von Geburt an fehlen, allerdings hat es den Nachteil, dass entwicklungsbiologische Effekte der LC–Defizienz nicht ausgeschlossen werden können (Kaplan *et al.*, 2005). Mit Hilfe der wachsenden Kenntnis der Marker verschiedener DC–Subtypen sollte es möglich sein ein Mausmodell zu generieren, in dem selektiv die Depletion von LCs induziert werden kann.

Die vorgestellten Ergebnisse deuten auf eine Involvierung von Langerin$^+$ dDCs und/oder von *„blood–derived"* Langerin$^+$CD8α^+CD4$^-$ DCs in den Haut–drainierenden Lymphknoten bei der Aktivierung von CD8$^+$ T–Zellen nach einer *L. major*–Infektion hin. Mit Hilfe histologischer Analysen und eines *in vivo–cross presentation assays* sollte zunächst die Population identifiziert werden, die L–Ag in MHC–I–Molekülen präsentiert (Lin *et al.*, 2008b). Anschließend wäre es interessant den Mechanismus aufzuklären, über den *L. major*–Antigen in den MHC–I–Präsentationsweg der entsprechenden DC–Population gerät.

5 Zusammenfassung

Der obligat intrazelluläre Parasit *Leishmania (L.) major* verursacht im Menschen die kutane Form der Leishmaniose. Die Erreger werden durch den Stich einer Sandmücke in die Wirtshaut übertragen und infizieren dort Zellen des mononukleären Systems. Im experimentellen Mausmodell der Leishmaniose ist die Resistenz gegen *L. major* mit einer T–Helfer–Antwort vom Typ 1 (Th1–Zell–Antwort) verbunden. Im Verlauf dieser Immunreaktion regen IFN–γ–produzierende $CD4^+$ T–Zellen infizierte Makrophagen zur Bildung von antimikrobiellem Stickstoffmonoxid an, was schließlich zur Beseitigung der intrazellulär lebenden Parasiten führt.

Der gängigen Lehrbuchmeinung nach aktivieren dendritische Zellen (*dendritic cells*, DCs), die *Leishmanien* am Infektionsort aufgenommen und prozessiert haben, *L. major*–spezifische T–Zellen in den Haut–drainierenden Lymphknoten. Die Haut von Mäusen enthält nach heutigem Kenntnisstand drei verschiedene DC–Subtypen. Langerhans Zellen (*Langerhans cells*, LCs), die positiv für das C–Typ–Lektin Langerin (CD207) sind, befinden sich ausschließlich in der Epidermis, während in der Dermis sowohl $Langerin^+$ als auch $Langerin^-$ DCs vorkommen. Die Funktion dieser Zellen in der kutanen Immunität ist bisher kaum verstanden. In dieser Arbeit sollte untersucht werden, wie die unterschiedlichen DC–Subtypen der Haut bei der Aktivierung der adaptiven Immunantwort gegen *L. major* involviert sind.

Dazu wurden Lang–DTR–Mäuse verwendet, die den hochaffinen, humanen *Diphtheria* Toxin–Rezeptor (DTR) unter der Kontrolle des *langerin*–Gen–Promotors exprimieren. Die Behandlung mit *Diphtheria* Toxin (DT) führt in diesen Mäusen zur selektiven Depletion von $Langerin^+$ DCs. Um den Einfluss von $Langerin^+$ DCs auf den Verlauf der *L. major*–Infektion und auf die frühe Phase der adaptiven Immunantwort zu analysieren, wurden Lang–DTR–Mäuse mit DT behandelt und subkutan mit *L. major*–Parasiten infiziert.

Der Infektionsverlauf und die Parasitenlast der infizierten Gewebe ähnelten sich in DT–behandelten Lang–DTR–Mäusen und unbehandelten Kontrollmäusen. Auch die Produktion von *L. major*–spezifischen Immunglobulinen und die Aktivierung von Gedächtnis–T–Zellen wurde durch die DT–Behandlung nicht beeinflusst. Die Untersuchung der antigenspezifischen T–Zell–Antwort zeigte, dass die Depletion von Langerin$^+$ DCs zu keiner Veränderung der CD4$^+$ T–Zell–Antwort führte und auch die IFN–γ–Produktion nicht beeinflusste. Allerdings kam es in DT–behandelten Lang–DTR–Mäusen zu einer stark reduzierten Induktion von CD8$^+$ T–Zellen. Durch eine Variation des DT–Behandlungsprotokolls konnte demonstriert werden, dass nicht LCs, sondern andere Langerin$^+$ DCs für die Aktivierung der *L. major*–spezifischen CD8$^+$ T–Zell–Antwort verantwortlich sind. Zusammenfassend zeigen die Ergebnisse dieser Arbeit, dass Langerin$^+$ DCs bei der Einleitung einer schützenden Th1–Zell–Antwort gegen *L. major* keine Rolle spielen. Ob Langerin$^-$ dermale DCs oder DCs, welche sich in den Haut–drainierenden Lymphknoten befinden, *L. major*–spezifische CD4$^+$ T–Zellen aktivieren, wird Gegenstand weiterer Untersuchungen sein. Darüber hinaus lieferte die reduzierte CD8$^+$ T–Zell–Aktivierung in *L. major*–infizierten DT–behandelten Lang–DTR–Mäusen erstmals einen Hinweis auf die Bedeutung der vor Kurzem identifizierten Langerin$^+$ dermalen DCs bei der Einleitung CD8$^+$ T–Zell–Antworten gegen extrazelluläre Pathogene in der Haut.

6 Literaturverzeichnis

Abramson, S., Miller, R. G., und Phillips, R. A. (1977). The identification in adult bone marrow of pluripotent and restricted stem cells of the myeloid and lymphoid systems. J Exp Med *145*, 1567-1579.

Ackerman, A. L., Giodini, A., und Cresswell, P. (2006). A role for the endoplasmic reticulum protein retrotranslocation machinery during crosspresentation by dendritic cells. Immunity *25*, 607-617.

Ackerman, A. L., Kyritsis, C., Tampe, R., und Cresswell, P. (2005). Access of soluble antigens to the endoplasmic reticulum can explain cross-presentation by dendritic cells. Nat Immunol *6*, 107-113.

Allan, R. S., Smith, C. M., Belz, G. T., van Lint, A. L., Wakim, L. M., Heath, W. R., und Carbone, F. R. (2003). Epidermal viral immunity induced by CD8alpha+ dendritic cells but not by Langerhans cells. Science *301*, 1925-1928.

Allan, R. S., Waithman, J., Bedoui, S., Jones, C. M., Villadangos, J. A., Zhan, Y., Lew, A. M., Shortman, K., Heath, W. R., und Carbone, F. R. (2006). Migratory dendritic cells transfer antigen to a lymph node-resident dendritic cell population for efficient CTL priming. Immunity *25*, 153-162.

Alvarez, D., Vollmann, E. H., und von Andrian, U. H. (2008). Mechanisms and consequences of dendritic cell migration. Immunity *29*, 325-342.

Anderson, C. F., Mendez, S., und Sacks, D. L. (2005). Nonhealing infection despite Th1 polarization produced by a strain of Leishmania major in C57BL/6 mice. J Immunol *174*, 2934-2941.

Anderson, C. F., Oukka, M., Kuchroo, V. J., und Sacks, D. (2007). CD4(+)CD25(-)Foxp3(-) Th1 cells are the source of IL-10-mediated immune suppression in chronic cutaneous leishmaniasis. J Exp Med *204*, 285-297.

Ashford, R. W. (2000). The leishmaniases as emerging and reemerging zoonoses. Int J Parasitol *30*, 1269-1281.

Banchereau, J., Briere, F., Caux, C., Davoust, J., Lebecque, S., Liu, Y. J., Pulendran, B., und Palucka, K. (2000). Immunobiology of dendritic cells. Annu Rev Immunol *18*, 767-811.

Barnden, M. J., Allison, J., Heath, W. R., und Carbone, F. R. (1998). Defective TCR expression in transgenic mice constructed using cDNA-based alpha- and beta-chain genes under the control of heterologous regulatory elements. Immunol Cell Biol *76*, 34-40.

Belkaid, Y. (2007). Regulatory T cells and infection: a dangerous necessity. Nat Rev Immunol *7*, 875-888.

Belkaid, Y., Mendez, S., Lira, R., Kadambi, N., Milon, G., und Sacks, D. (2000). A natural model of Leishmania major infection reveals a prolonged "silent" phase of parasite amplification in the skin before the onset of lesion formation and immunity. J Immunol *165*, 969-977.

Belkaid, Y., Piccirillo, C. A., Mendez, S., Shevach, E. M., und Sacks, D. L. (2002a). CD4+CD25+ regulatory T cells control Leishmania major persistence and immunity. Nature *420*, 502-507.

Belkaid, Y., Von Stebut, E., Mendez, S., Lira, R., Caler, E., Bertholet, S., Udey, M. C., und Sacks, D. (2002b). CD8+ T cells are required for primary immunity in C57BL/6 mice following low-dose, intradermal challenge with Leishmania major. J Immunol *168*, 3992-4000.

Belz, G. T., Smith, C. M., Kleinert, L., Reading, P., Brooks, A., Shortman, K., Carbone, F. R., und Heath, W. R. (2004). Distinct migrating and nonmigrating dendritic cell populations are involved in MHC class I-restricted antigen presentation after lung infection with virus. Proc Natl Acad Sci U S A *101*, 8670-8675.

Bennett, C. L., Noordegraaf, M., Martina, C. A., und Clausen, B. E. (2007). Langerhans cells are required for efficient presentation of topically applied hapten to T cells. J Immunol *179*, 6830-6835.

Bennett, C. L., van Rijn, E., Jung, S., Inaba, K., Steinman, R. M., Kapsenberg, M. L., und Clausen, B. E. (2005). Inducible ablation of mouse Langerhans cells diminishes but fails to abrogate contact hypersensitivity. J Cell Biol *169*, 569-576.

Bertholet, S., Debrabant, A., Afrin, F., Caler, E., Mendez, S., Tabbara, K. S., Belkaid, Y., und Sacks, D. L. (2005). Antigen requirements for efficient priming of CD8+ T cells by Leishmania major-infected dendritic cells. Infect Immun *73*, 6620-6628.

Bertholet, S., Goldszmid, R., Morrot, A., Debrabant, A., Afrin, F., Collazo-Custodio, C., Houde, M., Desjardins, M., Sher, A., und Sacks, D. (2006). Leishmania antigens are presented to CD8+ T cells by a transporter associated with antigen processing-independent pathway in vitro and in vivo. J Immunol *177*, 3525-3533.

Bill, J., Kanagawa, O., Linten, J., Utsunomiya, Y., und Palmer, E. (1990). Class I and class II MHC gene products differentially affect the fate of V beta 5 bearing thymocytes. J Mol Cell Immunol *4*, 269-279; discussion 279-280.

Bogdan, C., und Rollinghoff, M. (1998). The immune response to Leishmania: mechanisms of parasite control and evasion. Int J Parasitol *28*, 121-134.

Brewig, N., Kissenpfennig, A., Malissen, B., Veit, A., Bickert, T., Fleischer, B., Mostbock, S., und Ritter, U. (2009). Priming of CD8+ and CD4+ T cells in experimental leishmaniasis is initiated by different dendritic cell subtypes. J Immunol *182*, 774-783.

Bursch, L. S., Wang, L., Igyarto, B., Kissenpfennig, A., Malissen, B., Kaplan, D. H., und Hogquist, K. A. (2007). Identification of a novel population of Langerin+ dendritic cells. J Exp Med *204*, 3147-3156.

Carbone, F. R., Belz, G. T., und Heath, W. R. (2004). Transfer of antigen between migrating and lymph node-resident DCs in peripheral T-cell tolerance and immunity. Trends Immunol *25*, 655-658.

de Witte, L., Nabatov, A., Pion, M., Fluitsma, D., de Jong, M. A., de Gruijl, T., Piguet, V., van Kooyk, Y., und Geijtenbeek, T. B. (2007). Langerin is a natural barrier to HIV-1 transmission by Langerhans cells. Nat Med *13*, 367-371.

del Rio, M. L., Rodriguez-Barbosa, J. I., Kremmer, E., und Forster, R. (2007). CD103- and CD103+ bronchial lymph node dendritic cells are specialized in presenting and cross-presenting innocuous antigen to CD4+ and CD8+ T cells. J Immunol *178*, 6861-6866.

den Haan, J. M., Lehar, S. M., und Bevan, M. J. (2000). CD8(+) but not CD8(-) dendritic cells cross-prime cytotoxic T cells in vivo. J Exp Med *192*, 1685-1696.

Diebold, S. S. (2009). Activation of dendritic cells by toll-like receptors and C-type lectins. Handb Exp Pharmacol, 3-30.

Dolan, B. P., Gibbs, K. D., Jr., und Ostrand-Rosenberg, S. (2006). Tumor-specific CD4+ T cells are activated by "cross-dressed" dendritic cells presenting peptide-MHC class II complexes acquired from cell-based cancer vaccines. J Immunol *176*, 1447-1455.

Donovan, C. (1903). Memoranda: On the possibility of the occurrence of Trypanosomiasis in India. British Medical Journal, 279.

GeurtsvanKessel, C. H., Willart, M. A., van Rijt, L. S., Muskens, F., Kool, M., Baas, C., Thielemans, K., Bennett, C., Clausen, B. E., Hoogsteden, H. C., *et al.* (2008). Clearance of influenza virus from the lung depends on migratory langerin+CD11b- but not plasmacytoid dendritic cells. J Exp Med *205*, 1621-1634.

Ginhoux, F., Collin, M. P., Bogunovic, M., Abel, M., Leboeuf, M., Helft, J., Ochando, J., Kissenpfennig, A., Malissen, B., Grisotto, M., *et al.* (2007). Blood-derived dermal langerin+ dendritic cells survey the skin in the steady state. J Exp Med *204*, 3133-3146.

Gramiccia, M., und Gradoni, L. (2005). The current status of zoonotic leishmaniases and approaches to disease control. Int J Parasitol *35*, 1169-1180.

Guermonprez, P., Saveanu, L., Kleijmeer, M., Davoust, J., Van Endert, P., und Amigorena, S. (2003). ER-phagosome fusion defines an MHC class I cross-presentation compartment in dendritic cells. Nature *425*, 397-402.

Hogg, N., und Landis, R. C. (1993). Adhesion molecules in cell interactions. Curr Opin Immunol *5*, 383-390.

Hogquist, K. A., Jameson, S. C., Heath, W. R., Howard, J. L., Bevan, M. J., und Carbone, F. R. (1994). T cell receptor antagonist peptides induce positive selection. Cell *76*, 17-27.

Huber, M., Timms, E., Mak, T. W., Rollinghoff, M., und Lohoff, M. (1998). Effective and long-lasting immunity against the parasite Leishmania major in CD8-deficient mice. Infect Immun *66*, 3968-3970.

Idoyaga, J., Cheong, C., Suda, K., Suda, N., Kim, J. Y., Lee, H., Park, C. G., und Steinman, R. M. (2008). Cutting edge: langerin/CD207 receptor on dendritic cells mediates efficient antigen presentation on MHC I and II products in vivo. J Immunol *180*, 3647-3650.

Iezzi, G., Frohlich, A., Ernst, B., Ampenberger, F., Saeland, S., Glaichenhaus, N., und Kopf, M. (2006). Lymph node resident rather than skin-derived dendritic cells initiate specific T cell responses after Leishmania major infection. J Immunol *177*, 1250-1256.

Jankovic, D., Kullberg, M. C., Feng, C. G., Goldszmid, R. S., Collazo, C. M., Wilson, M., Wynn, T. A., Kamanaka, M., Flavell, R. A., und Sher, A. (2007).

Conventional T-bet(+)Foxp3(-) Th1 cells are the major source of host-protective regulatory IL-10 during intracellular protozoan infection. J Exp Med *204*, 273-283.

Joffre, O., Nolte, M. A., Sporri, R., und Reis e Sousa, C. (2009). Inflammatory signals in dendritic cell activation and the induction of adaptive immunity. Immunol Rev *227*, 234-247.

Kaplan, D. H., Jenison, M. C., Saeland, S., Shlomchik, W. D., und Shlomchik, M. J. (2005). Epidermal langerhans cell-deficient mice develop enhanced contact hypersensitivity. Immunity *23*, 611-620.

Kaplan, D. H., Kissenpfennig, A., und Clausen, B. E. (2008). Insights into Langerhans cell function from Langerhans cell ablation models. Eur J Immunol *38*, 2369-2376.

Katakai, T., Hara, T., Lee, J. H., Gonda, H., Sugai, M., und Shimizu, A. (2004). A novel reticular stromal structure in lymph node cortex: an immuno-platform for interactions among dendritic cells, T cells and B cells. Int Immunol *16*, 1133-1142.

Kissenpfennig, A., Ait-Yahia, S., Clair-Moninot, V., Stossel, H., Badell, E., Bordat, Y., Pooley, J. L., Lang, T., Prina, E., Coste, I., *et al.* (2005a). Disruption of the langerin/CD207 gene abolishes Birbeck granules without a marked loss of Langerhans cell function. Mol Cell Biol *25*, 88-99.

Kissenpfennig, A., Henri, S., Dubois, B., Laplace-Builhe, C., Perrin, P., Romani, N., Tripp, C. H., Douillard, P., Leserman, L., Kaiserlian, D., *et al.* (2005b). Dynamics and function of Langerhans cells in vivo: dermal dendritic cells colonize lymph node areas distinct from slower migrating Langerhans cells. Immunity *22*, 643-654.

Lammermann, T., und Sixt, M. (2008). The microanatomy of T-cell responses. Immunol Rev *221*, 26-43.

Leishman, W. B. (1903). On the possibility of the occurrence of Trypanosomiasis in India. British Medical Journal, 1252-1254.

Lemischka, I. R., Raulet, D. H., und Mulligan, R. C. (1986). Developmental potential and dynamic behavior of hematopoietic stem cells. Cell *45*, 917-927.

Lemos, M. P., Esquivel, F., Scott, P., und Laufer, T. M. (2004). MHC class II expression restricted to CD8alpha+ and CD11b+ dendritic cells is sufficient for control of Leishmania major. J Exp Med *199*, 725-730.

Leon, B., Lopez-Bravo, M., und Ardavin, C. (2007). Monocyte-derived dendritic cells formed at the infection site control the induction of protective T helper 1 responses against Leishmania. Immunity *26*, 519-531.

Lin, M. L., Zhan, Y., Proietto, A. I., Prato, S., Wu, L., Heath, W. R., Villadangos, J. A., und Lew, A. M. (2008b). Selective suicide of cross-presenting CD8+ dendritic cells by cytochrome c injection shows functional heterogeneity within this subset. Proc Natl Acad Sci U S A *105*, 3029-3034.

Lin, M. L., Zhan, Y., Villadangos, J. A., und Lew, A. M. (2008a). The cell biology of cross-presentation and the role of dendritic cell subsets. Immunol Cell Biol *86*, 353-362.

Mayerova, D., Parke, E. A., Bursch, L. S., Odumade, O. A., und Hogquist, K. A. (2004). Langerhans cells activate naive self-antigen-specific CD8 T cells in the steady state. Immunity *21*, 391-400.

Merad, M., Ginhoux, F., und Collin, M. (2008). Origin, homeostasis and function of Langerhans cells and other langerin-expressing dendritic cells. Nat Rev Immunol *8*, 935-947.

Moll, H. (1993). Epidermal Langerhans cells are critical for immunoregulation of cutaneous leishmaniasis. Immunol Today *14*, 383-387.

Mosmann, T. R., und Coffman, R. L. (1989). TH1 and TH2 cells: different patterns of lymphokine secretion lead to different functional properties. Annu Rev Immunol 7, 145-173.

Muller, I. (1992). Role of T cell subsets during the recall of immunologic memory to Leishmania major. Eur J Immunol 22, 3063-3069.

Muller, I., Kropf, P., Etges, R. J., und Louis, J. A. (1993). Gamma interferon response in secondary Leishmania major infection: role of CD8+ T cells. Infect Immun 61, 3730-3738.

Muller, I., Kropf, P., Louis, J. A., und Milon, G. (1994). Expansion of gamma interferon-producing CD8+ T cells following secondary infection of mice immune to Leishmania major. Infect Immun 62, 2575-2581.

Murphy, K. M., Travers, P., und Walport, M. (2008). Janeway's Immunobiology. 7.

Nagao, K., Ginhoux, F., Leitner, W. W., Motegi, S. I., Bennett, C. L., Clausen, B. E., Merad, M., und Udey, M. C. (2009). Murine epidermal Langerhans cells and langerin-expressing dermal dendritic cells are unrelated and exhibit distinct functions. Proc Natl Acad Sci U S A.

Obhrai, J. S., Oberbarnscheidt, M., Zhang, N., Mueller, D. L., Shlomchik, W. D., Lakkis, F. G., Shlomchik, M. J., und Kaplan, D. H. (2008). Langerhans cells are not required for efficient skin graft rejection. J Invest Dermatol 128, 1950-1955.

Pennington, D. J., Vermijlen, D., Wise, E. L., Clarke, S. L., Tigelaar, R. E., und Hayday, A. C. (2005). The integration of conventional and unconventional T cells that characterizes cell-mediated responses. Adv Immunol 87, 27-59.

Pfeifer, J. D., Wick, M. J., Roberts, R. L., Findlay, K., Normark, S. J., und Harding, C. V. (1993). Phagocytic processing of bacterial antigens for class I MHC presentation to T cells. Nature 361, 359-362.

Poulin, L. F., Henri, S., de Bovis, B., Devilard, E., Kissenpfennig, A., und Malissen, B. (2007). The dermis contains langerin+ dendritic cells that develop and function independently of epidermal Langerhans cells. J Exp Med *204*, 3119-3131.

Qu, C., Nguyen, V. A., Merad, M., und Randolph, G. J. (2009). MHC Class I/Peptide Transfer between Dendritic Cells Overcomes Poor Cross-Presentation by Monocyte-Derived APCs That Engulf Dying Cells. J Immunol *182*, 3650-3659.

Reis e Sousa, C. (2006). Dendritic cells in a mature age. Nat Rev Immunol *6*, 476-483.

Ritter, U., Mattner, J., Rocha, J. S., Bogdan, C., und Korner, H. (2004a). The control of Leishmania (Leishmania) major by TNF in vivo is dependent on the parasite strain. Microbes Infect *6*, 559-565.

Ritter, U., Meissner, A., Scheidig, C., und Korner, H. (2004b). CD8 alpha- and Langerin-negative dendritic cells, but not Langerhans cells, act as principal antigen-presenting cells in leishmaniasis. Eur J Immunol *34*, 1542-1550.

Rodriguez, A., Regnault, A., Kleijmeer, M., Ricciardi-Castagnoli, P., und Amigorena, S. (1999). Selective transport of internalized antigens to the cytosol for MHC class I presentation in dendritic cells. Nat Cell Biol *1*, 362-368.

Ruiz, J. H., und Becker, I. (2007). CD8 cytotoxic T cells in cutaneous leishmaniasis. Parasite Immunol *29*, 671-678.

Sacks, D., und Noben-Trauth, N. (2002). The immunology of susceptibility and resistance to Leishmania major in mice. Nat Rev Immunol *2*, 845-858.

Saito, M., Iwawaki, T., Taya, C., Yonekawa, H., Noda, M., Inui, Y., Mekada, E., Kimata, Y., Tsuru, A., und Kohno, K. (2001). Diphtheria toxin receptor-mediated conditional and targeted cell ablation in transgenic mice. Nat Biotechnol *19*, 746-750.

Schuler, G., und Steinman, R. M. (1985). Murine epidermal Langerhans cells mature into potent immunostimulatory dendritic cells in vitro. J Exp Med *161*, 526-546.

Schwartz, R. H. (2003). T cell anergy. Annu Rev Immunol *21*, 305-334.

Silberberg-Sinakin, I., Gigli, I., Baer, R. L., und Thorbecke, G. J. (1980). Langerhans cells: role in contact hypersensitivity and relationship to lymphoid dendritic cells and to macrophages. Immunol Rev *53*, 203-232.

Smith, T. R., und Kumar, V. (2008). Revival of CD8+ Treg-mediated suppression. Trends Immunol *29*, 337-342.

Smyth, L. A., Harker, N., Turnbull, W., El-Doueik, H., Klavinskis, L., Kioussis, D., Lombardi, G., und Lechler, R. (2008). The relative efficiency of acquisition of MHC:peptide complexes and cross-presentation depends on dendritic cell type. J Immunol *181*, 3212-3220.

Steinman, R. M., und Nussenzweig, M. C. (2002). Avoiding horror autotoxicus: the importance of dendritic cells in peripheral T cell tolerance. Proc Natl Acad Sci U S A *99*, 351-358.

Stoecklinger, A., Grieshuber, I., Scheiblhofer, S., Weiss, R., Ritter, U., Kissenpfennig, A., Malissen, B., Romani, N., Koch, F., Ferreira, F., *et al.* (2007). Epidermal langerhans cells are dispensable for humoral and cell-mediated immunity elicited by gene gun immunization. J Immunol *179*, 886-893.

Stoitzner, P., Green, L. K., Jung, J. Y., Price, K. M., Tripp, C. H., Malissen, B., Kissenpfennig, A., Hermans, I. F., und Ronchese, F. (2008). Tumor immunotherapy by epicutaneous immunization requires langerhans cells. J Immunol *180*, 1991-1998.

Stoitzner, P., Tripp, C. H., Eberhart, A., Price, K. M., Jung, J. Y., Bursch, L., Ronchese, F., und Romani, N. (2006). Langerhans cells cross-present antigen derived from skin. Proc Natl Acad Sci U S A *103*, 7783-7788.

Suvas, S., Azkur, A. K., Kim, B. S., Kumaraguru, U., und Rouse, B. T. (2004). CD4+CD25+ regulatory T cells control the severity of viral immunoinflammatory lesions. J Immunol *172*, 4123-4132.

Takahara, K., Yashima, Y., Omatsu, Y., Yoshida, H., Kimura, Y., Kang, Y. S., Steinman, R. M., Park, C. G., und Inaba, K. (2004). Functional comparison of the mouse DC-SIGN, SIGNR1, SIGNR3 and Langerin, C-type lectins. Int Immunol *16*, 819-829.

Titus, R. G., Milon, G., Marchal, G., Vassalli, P., Cerottini, J. C., und Louis, J. A. (1987). Involvement of specific Lyt-2+ T cells in the immunological control of experimentally induced murine cutaneous leishmaniasis. Eur J Immunol *17*, 1429-1433.

Tonegawa, S. (1983). Somatic generation of antibody diversity. Nature *302*, 575-581.

Uzonna, J. E., Joyce, K. L., und Scott, P. (2004). Low dose Leishmania major promotes a transient T helper cell type 2 response that is down-regulated by interferon gamma-producing CD8+ T cells. J Exp Med *199*, 1559-1566.

Valladeau, J., Clair-Moninot, V., Dezutter-Dambuyant, C., Pin, J. J., Kissenpfennig, A., Mattei, M. G., Ait-Yahia, S., Bates, E. E., Malissen, B., Koch, F., et al. (2002). Identification of mouse langerin/CD207 in Langerhans cells and some dendritic cells of lymphoid tissues. J Immunol *168*, 782-792.

Valladeau, J., Ravel, O., Dezutter-Dambuyant, C., Moore, K., Kleijmeer, M., Liu, Y., Duvert-Frances, V., Vincent, C., Schmitt, D., Davoust, J., et al. (2000). Langerin, a novel C-type lectin specific to Langerhans cells, is an endocytic receptor that induces the formation of Birbeck granules. Immunity *12*, 71-81.

Villadangos, J. A., und Heath, W. R. (2005). Life cycle, migration and antigen presenting functions of spleen and lymph node dendritic cells: limitations of the Langerhans cells paradigm. Semin Immunol *17*, 262-272.

Villadangos, J. A., und Schnorrer, P. (2007). Intrinsic and cooperative antigen-presenting functions of dendritic-cell subsets in vivo. Nat Rev Immunol *7*, 543-555.

von Stebut, E. (2007a). Cutaneous Leishmania infection: progress in pathogenesis research and experimental therapy. Exp Dermatol *16*, 340-346.

Von Stebut, E. (2007b). Immunology of cutaneous leishmaniasis: the role of mast cells, phagocytes and dendritic cells for protective immunity. Eur J Dermatol *17*, 115-122.

Waithman, J., Allan, R. S., Kosaka, H., Azukizawa, H., Shortman, K., Lutz, M. B., Heath, W. R., Carbone, F. R., und Belz, G. T. (2007). Skin-derived dendritic cells can mediate deletional tolerance of class I-restricted self-reactive T cells. J Immunol *179*, 4535-4541.

Wang, L., Bursch, L. S., Kissenpfennig, A., Malissen, B., Jameson, S. C., und Hogquist, K. A. (2008). Langerin expressing cells promote skin immune responses under defined conditions. J Immunol *180*, 4722-4727.

Wang, Z. E., Reiner, S. L., Hatam, F., Heinzel, F. P., Bouvier, J., Turck, C. W., und Locksley, R. M. (1993). Targeted activation of CD8 cells and infection of beta 2-microglobulin-deficient mice fail to confirm a primary protective role for CD8 cells in experimental leishmaniasis. J Immunol *151*, 2077-2086.

Wilson, N. S., und Villadangos, J. A. (2004). Lymphoid organ dendritic cells: beyond the Langerhans cells paradigm. Immunol Cell Biol *82*, 91-98.

Zhu, J., und Paul, W. E. (2008). CD4 T cells: fates, functions, and faults. Blood *112*, 1557-1569.

Die VDM Verlagsservicegesellschaft sucht für wissenschaftliche Verlage abgeschlossene und herausragende

Dissertationen, Habilitationen, Diplomarbeiten, Master Theses, Magisterarbeiten usw.

für die kostenlose Publikation als Fachbuch.

Sie verfügen über eine Arbeit, die hohen inhaltlichen und formalen Ansprüchen genügt, und haben Interesse an einer honorarvergüteten Publikation?

Dann senden Sie bitte erste Informationen über sich und Ihre Arbeit per Email an *info@vdm-vsg.de*.

Sie erhalten kurzfristig unser Feedback!

VDM Verlagsservicegesellschaft mbH
Dudweiler Landstr. 99   Telefon +49 681 3720 174
D - 66123 Saarbrücken   Fax   +49 681 3720 1749
www.vdm-vsg.de

Die VDM Verlagsservicegesellschaft mbH vertritt

Printed by Books on Demand GmbH, Norderstedt / Germany